Alexander Voigt

Entwicklung eines stoffschlüssigen Fügeverfahrens zum Fügen
eines Stahl-Kunststoff-Verbundbleches mit höchstfestem Stahl

**TUD**press

Dresdner Fügetechnische Berichte
Herausgeber: Prof. Dr.-Ing. habil. U. Füssel

Herausgeber: Prof. Dr.-Ing. habil. U. Füssel
Technische Universität Dresden
Professur Fügetechnik und Montage
01062 Dresden

Tel.:   0351 / 4633 4347
Fax:   0351 / 4633 7249

**Alexander Voigt**

# Entwicklung eines stoffschlüssigen Fügeverfahrens zum Fügen eines Stahl-Kunststoff-Verbundbleches mit höchstfestem Stahl

**TUD**press

**2015**

Bibliografische Information der Deutschen Bibliothek
Die Deutsche Bibliothek verzeichnet diese Publikation in der Deutschen
Nationalbibliografie; detaillierte bibliografische Daten sind im Internet unter
<http://dnb.ddb.de> abrufbar.

Bibliographic information published by Die Deutsche Bibliothek
Die Deutsche Bibliothek lists this publication in the Deutsche Nationalbibliografie; detailed bibliographic data is available in the Internet at
<http://dnb.ddb.de>

ISBN  978-3-95908-007-1

Zugl.: Dresden, Techn. Univ., Diss., 2015

© 2015 TUDpress
Verlag der Wissenschaften GmbH
Bergstr. 70 | 01069 Dresden
Tel.: 0351/47 96 97 20 | Fax: 0351/47 96 08 19
Satz und Redaktion: Alexander Voigt
Der Inhalt des Werkes wurde sorgfältig erarbeitet. Dennoch übernehmen Autor
und Verleger für die Richtigkeit von Angaben, Hinweisen und Ratschlägen
sowie für eventuelle Druckfehler keine Haftung.
Printed in EU.

# Entwicklung eines stoffschlüssigen Fügeverfahrens zum Fügen eines Stahl-Kunststoff-Verbundbleches mit höchstfestem Stahl

Von der Fakultät Maschinenwesen

der Technischen Universität Dresden

zur Erlangung des akademischen Grades

Doktoringenieur (Dr.-Ing.)

angenommene Dissertation

von

**Alexander Voigt**

geboren am 07.07.1983 in Grimma

Tag der Einreichung:     28.04.2014

Tag der Verteidigung:    10.04.2015

Gutachter:      Prof. Dr.-Ing. habil. U. Füssel
                Prof. Dr.-Ing. S. Jüttner

Vorsitzender:   Prof. Dr.-Ing. habil. Prof. E.h. Dr. h.c. W. Hufenbach

# Vorwort

Diese Arbeit entstand während meiner Tätigkeit in der Technologieplanung und -entwicklung der Volkswagen AG.

Ich bedanke mich besonders bei Herrn Prof. Dr.-Ing. Uwe Füssel, dem Leiter der Professur Fügetechnik und Montage am Institut Oberflächen- und Fertigungstechnik der Technischen Universität Dresden, für die sehr gute Betreuung und fachlichen Beiträge.

Mein herzlicher Dank gilt dem Leiter der Unterabteilung Fügetechnik Herrn Christian Borowetz. Weiterhin danke ich Herrn Dr.-Ing. Thomas Franz und Herrn Dr.-Ing. Matthias Graul sowie allen beteiligten Kollegen für die freundliche Unterstützung.

Parthenstein, im April 2014

Alexander Voigt

Veröffentlichungen über den Inhalt der Arbeit sind nur mit schriftlicher Genehmigung der Volkswagen AG zugelassen.

Die Ergebnisse, Meinungen und Schlüsse dieser Arbeit sind nicht notwendigerweise die der Volkswagen AG.

# Inhaltsverzeichnis

1. EINLEITUNG .................................................................................................. 1

1.1. Problemstellung ......................................................................................... 1

1.2. Zielsetzung und Vorgehensweise ............................................................. 4

2. STAND DER TECHNIK ................................................................................. 7

2.1. Einfluss der Fahrzeugmasse auf den Energieverbrauch .......................... 7

2.2. Potential Stahl-Kunststoff-Verbundblech im Karosseriebau ..................... 8

2.3. Potential höchstfester Stahl im Karosseriebau ....................................... 18

2.4. Anforderungen an die Fügeverbindung ................................................... 22

2.5. Fügemöglichkeiten für Verbundblech mit formgehärtetem Stahl ............. 24

3. ABLEITUNG DER AUFGABENSTELLUNG ............................................... 36

4. WIRKMECHANISMUS ZWEISTUFIGER FÜGEPROZESS .......................... 38

5. ABGELEITETE UNTERSUCHUNGSSCHWERPUNKTE ............................. 45

6. ENTWICKLUNG ANLAGENTECHNIK FÜR ERSTEN PROZESSSCHRITT 48

6.1. Darstellung des Anforderungsprofils ....................................................... 48

6.2. Lösungsansatz ......................................................................................... 49

6.3. Konzept für adaptive Regelung ............................................................... 52

6.4. Funktionsprüfung ..................................................................................... 54

7. MESSAUFBAU ZUR ERMITTLUNG DER TEMPERATURFELDER ......... 55

8. VERSUCHSMETHODIK ............................................................................. 59

8.1. Erster Prozessschritt – Kunststoffverdrängung ...................................... 59

8.2. Zweiter Prozessschritt - Fügeprozess ..................................................... 61

9. VERSUCHSDURCHFÜHRUNG UND ERGEBNISSE ........................................ 64

9.1. Untersuchung Kunststoffverdrängung ................................................................. 64

    9.1.1. Sensitivitätsanalyse ........................................................................................ 64

    9.1.2. Visualisierung der Temperaturverteilung bei der Kunststoffverdrängung ................... 69

    9.1.3. Flächenanteil des Kunststoffs im Kontaktbereich nach der Verdrängung .................... 70

    9.1.4. Prozessparameter für adaptive Regelung und Qualitätssicherung ........................... 72

    9.1.5. Einfluss Widerstandserwärmung auf die Verdrängungszone ................................... 73

    9.1.6. Definierte Kappentemperaturerhöhung durch Widerstandserwärmung ...................... 74

    9.1.7. Verschweißen der Deckbleche ............................................................................ 76

9.2. Fügen von Verbundblech mit höchstfestem Stahl .................................................. 77

    9.2.1. Metallografische Untersuchung der erzeugten Fügeverbindungen ........................... 77

    9.2.2. Visualisierung der Temperaturverteilung während des Schweißprozesses ................. 81

    9.2.3. Plausibilitätsprüfung mittels Prozesssimulationssoftware SORPAS® ........................ 83

    9.2.4. Sensitivitätsanalyse ........................................................................................ 85

    9.2.5. Prozessfähigkeitsuntersuchung ......................................................................... 90

9.3. Fügen von Verbundblech mit Verbundblech .......................................................... 92

    9.3.1. Metallografische Untersuchung der erzeugten Fügeverbindungen ........................... 92

    9.3.2. Visualisierung der Temperaturverteilung während des Schweißprozesses ................. 93

    9.3.3. Sensitivitätsanalyse ........................................................................................ 94

9.4. Technologische Eigenschaften erzeugter Fügeverbindungen ................................. 97

    9.4.1. Tragverhalten unter quasistatischer und schwingender Belastung ........................... 97

    9.4.2. Bewertung des Korrosionsverhaltens ................................................................ 108

10. ABGELEITETE KONSTRUKTIONSHINWEISE .......................................... 112

11. PROZESSSICHERHEIT UND QUALITÄTSSICHERUNG ......................... 115

12. UMSETZUNG IN DER PRAXIS AM BEISPIEL FAHRZEUGBODEN ......... 118

13. MÖGLICHKEIT DER PRODUKTIVITÄTSSTEIGERUNG .......................... 120

14. ZUSAMMENFASSUNG ........................................................................... 124

LITERATURVERZEICHNIS ........................................................................ 127

ABBILDUNGS- UND TABELLENVERZEICHNIS ......................................... 139

ANHANG .................................................................................................... 143

# Verwendete Formelzeichen, Abkürzungen und Symbole

| Zeichen | Einheit | Bedeutung |
|---|---|---|
| A | $m^2$ | Stirnfläche Fahrzeug |
| $A_{80}$ | % | Bruchdehnung |
| $A_{C3}$ | °C | Austenitisierungstemperatur |
| Al | - | Aluminium |
| AlSi | - | Aluminium-Silizium |
| AS150 | $g/m^2$ | Aluminium-Silizium-Beschichtung |
| C | - | Kohlenstoff |
| $CO_2$ | - | Kohlendioxid |
| CrNi | - | Chrom-Nickel |
| CuCr1Zr | - | Kupfer-Chrom-1-Zirkon |
| CuNiSiCr | - | Kupfer-Nickel-Silizium-Chrom |
| DP | - | Dualphasenstahl |
| E | Ws | Energie |
| $E_S$ | $N/mm^2$ | E-Modul für Stahl |
| $E_K$ | $N/mm^2$ | E-Modul für Kunststoff Litecor® |
| EDX | - | Energiedispersive Röntgenanalyse |
| F | N | Kraft |
| Fe | - | Eisen |
| $F_E$ | N | Elektrodenkraft |
| $F_{max,M}$ | N | ertragbare Maximalkraft für monolithischen Stahl |
| $F_W$ | N | Fahrwiderstand |
| $F_R$ | N | Rollwiderstand |
| $F_B$ | N | Beschleunigungswiderstand |
| $F_L$ | N | Luftwiderstand |
| $F_{ST}$ | N | Steigungswiderstand |
| I | A | Sekundärstrom |
| $I_S$ | A | elektrische Schweißstromstärke |
| $I_{yy,M}$ | $m^4$ | Flächenträgheitsmoment monolithischer Stahl |
| $I_{yy,K}$ | $m^4$ | Flächenträgheitsmoment Kunststoffkernschicht |
| $I_{yy,D}$ | $m^4$ | Flächenträgheitsmoment Deckblech (von Litecor®) |
| kon | - | konstant |

| | | |
|---|---|---|
| KSR | - | Konstantstromregelung |
| KTL | - | kathodische Tauchlackierung |
| L | mm | Balkenlänge |
| $M_{b,max,M}$ | Nm | maximales Biegemoment in Balkenmitte für monolithischen Stahl |
| Mn | - | Mangan |
| MSC | - | Material Sciences Corporation |
| NEFZ | - | neuer europäischer Fahrzyklus |
| O | - | Sauerstoff |
| P | - | Phosphor |
| PA | - | Polyamid |
| PE | - | Polyethylen |
| Pkw | - | Personenkraftwagen |
| PVC | - | Polyvinylchlorid |
| $\dot{Q}$ | W | Wärmestrom |
| $Q_{ab\_CuCr1Zr}$ | J | einem Pressstempel abgeführte Wärmemenge |
| $Q_{zu\_SSKV}$ | J | dem Verbundblech zugeführte Wärmemenge |
| Q-MOD | - | Messmodul |
| R | - | Spannungsverhältnis |
| REM | - | Rasterelektronenmikroskop |
| $R_m$ | N/mm$^2$ | Zugfestigkeit |
| $R_{P0,2}$ | N/mm$^2$ | 0,2 % - Dehngrenze (Streckgrenze) |
| Si | - | Silizium |
| $S_i$ | - | Störgrößen |
| SORPAS® | - | simulation and optimization of resistance projection and spot welding processes |
| SSKV | - | steifigkeitsoptimiertes Stahl-Kunststoff-Verbundblech |
| $T_1$ | °C | Ausgangstemperatur der Kupferpressstempel |
| $T_2$ | °C | Ausgleichstemperatur der Kupferpressstempel und des Verbundblechs |
| $T_G$ | °C | Glasübergangstemperatur |
| $T_K$ | °C | Kristallitschmelztemperatur |
| $T_R$ | °C | Raumtemperatur |

| | | |
|---|---|---|
| $T_Z$ | °C | Zersetzungstemperatur |
| U | V | Sekundärspannung |
| var | - | variiert |
| $V_{CuCr1Zr}$ | m³ | Volumen Kupferpressstempel |
| $V_{KSt}$ | m³ | Volumen Kunststoff |
| $V_{St}$ | m³ | Volumen Stahl |
| WEZ | - | Wärmeeinflusszone |
| WPRP | - | Warmpress-Widerstandsschweißen |
| $X_i$ | - | Einflussgrößen |
| $Y_i$ | - | Zielgrößen |
| ZE | - | elektrolytisch verzinkt |
| Zn | - | Zink |
| a | m/s² | Beschleunigung |
| b | mm | Balkenbreite |
| $c_{CuCr1Zr}$ | J/kg*K | spezifische Wärmekapazität Kupferpressstempel |
| $c_{KSt}$ | J/kg*K | spezifische Wärmekapazität Kunststoff |
| $c_{St}$ | J/kg*K | spezifische Wärmekapazität Stahl |
| $c_W$ | - | Luftwiderstandsbeiwert |
| d | mm | Blechdicke |
| $d_{Ba}$ | mm | Balkendicke |
| $d_B$ | mm | Blechlagendicke Bondal |
| $d_M$ | mm | Blechdicke monolithischer Stahl |
| ds | mm | infinitesimale Wegstrecke |
| e | mm | Durchbiegung Balken |
| $e_M$ | mm | Durchbiegung Balken für monolithischen Stahl |
| $e_B$ | mm | Durchbiegung Balken für Bondal |
| $e_L$ | mm | Durchbiegung Balken für Litecor |
| exp. | - | experimentell ermittelt |
| $f_R$ | - | Rollwiderstandskoeffizient |
| g | m/s² | Erdbeschleunigung |
| kon. | - | konstant |
| i.O. | - | in Ordnung |
| m | kg | Masse |
| $m_{rot}$ | kg*m² | rotierende Massen |

| | | |
|---|---|---|
| n.i.O. | - | nicht in Ordnung |
| $p$ | $N/mm^2$ | Druck |
| $q_{KSt}$ | $J/kg$ | Schmelzwärme Kunststoff |
| sim. | - | simulativ berechnet |
| $t$ | $s$ | Zeit |
| $t_V$ | $s$ | Verdrängungsdauer |
| $t_K$ | $s$ | Zeitpunkt der Kontaktierung |
| $v$ | $m/s$ | Geschwindigkeit |
| $y_{max,M}$ | $mm$ | maximaler Abstand von der neutralen Faser |
| var. | - | variiert |
| $\alpha$ | $°$ | Steigungswinkel |
| $\varepsilon$ | - | Emissionskoeffizient des Messobjekts |
| $\varepsilon_B$ | - | Bruchdehnung |
| $\eta_{Antrieb}$ | - | Wirkungsgrad Antrieb |
| $\vartheta_0$ | $K$ | Objekttemperatur |
| $\vartheta_P$ | $K$ | Temperatur der Messstrecke |
| $\vartheta_U$ | $K$ | Umgebungstemperatur |
| $\rho_{Luft}$ | $kg/m^3$ | Luftdichte |
| $\rho_{CuCr1Zr}$ | $kg/m^3$ | Dichte Kupferpressstempel |
| $\rho_{KSt}$ | $kg/m^3$ | Dichte Kunststoff |
| $\rho_{St}$ | $kg/m^3$ | Dichte Stahl |
| $\sigma_{b,max,M}$ | $N/mm^2$ | maximale Biegespannung für monolithischen Stahl |
| $\sigma_b$ | $N/mm^2$ | Zugfestigkeit |
| $\tau_P$ | - | Transmissionskoeffizient der Messstrecke |
| $\Phi$ | $W$ | emittierte Strahlung |
| $\Phi(\vartheta)$ | | gerätespezifische und für den Messbereich bestimmte Temperaturkennlinie |
| $\Phi_{BG}$ | $W$ | Hintergrundstrahlung |
| $\Phi_M$ | $W$ | gemessene Strahlung |

# 1. Einleitung

## 1.1. Problemstellung

Im 20. Jahrhundert hat sich mit dem technischen Fortschritt die Mobilität zu einem Grundbedürfnis der zivilisierten Bevölkerung entwickelt. Wirtschaftliche Aspekte und die Begrenzung von Ressourcen haben die Grundzüge der Forschung und Entwicklung in der Automobilindustrie stets in Richtung höherer Fahrleistungen und Effizienz ausgerichtet.[1] Der „Neue Europäische Fahrzyklus" (NEFZ) repräsentiert das durchschnittliche Geschwindigkeitsprofil nachdem der Kraftstoffverbrauch heutiger Personenkraftwagen berechnet wird. Proportional zur Fahrzeugmasse steigt dieser besonders unter städtischen Bedingungen mit häufigen Beschleunigungs- und Verzögerungsphasen an.

Aus diesem Grund wird die Weiterentwicklung der Karosseriekonzepte hinsichtlich Gewichtsreduzierung bei gleichzeitig ausreichender Crashsicherheit und wirtschaftlicher Herstellbarkeit kontinuierlich vorangetrieben.

Besonderes Leichtbaupotential bietet ein Karosseriefachwerk aus höchstfesten Stahl in Verbindung mit einem Stahl-Kunststoff-Verbundblech. Werden Strukturbauteile in höchstfesten Stahlgüten ausgeführt, so besitzen die Fahrzeuge zum einen eine für die derzeitigen Crashanforderungen ausreichende Karosseriesteifigkeit. Zum anderen können durch die relativ hohen Zugfestigkeiten im Bereich von ca. 1200 bis 1600 MPa Blechdicken reduziert und dadurch enorme Gewichtseinsparungen erzielt werden.

Mit dem Einsatz von Verbundwerkstoffen bzw. Verbundblechen können synergetisch mehrere positive Eigenschaften von monolithischen Stählen und Dämmstoffen vereinigt werden. [61], [2]

Bei großflächigen Bauteilen wie z. B. den Seitenteilen, den Bodenblechen, dem Dach oder den Kotflügeln entfaltet sich das Potential des mehrschichtigen Verbundwerkstoffes. Bestehend aus zwei außen liegenden Metalldeckblechen und einer schubsteifen innenliegenden Kunststoffschicht weist der Werkstoffverbund eine relativ hohe gewichtsspezifische Biegefestigkeit auf. Die Polymerkernschicht trägt zusätzlich zur Geräuschdämpfung bei. [3]

Der innovative Verbundwerkstoff wird in dieser Arbeit als SSKV (steifigkeitsoptimiertes Stahl-Kunststoff-Verbundblech) bezeichnet.

Durch die Verwendung von SSKV mit Stahldeckblechen sind im Vergleich zur Stahl-Aluminium-Mischbauweise keine umfangreichen Korrosionsschutzmaßnahmen notwendig. Die Problematik der Kontaktkorrosion kann bei Stahl-Aluminium-Mischbaukonzepten zu einem erhöhten konstruktiven Aufwand bzw. zur Unwirtschaftlichkeit führen. Aufgrund der unterschiedlichen elektrochemischen Potentiale kommt es bei der Anwesenheit eines Elektrolyten zur Kontaktkorrosion. Deshalb müssen alle Bauteile aus Stahl vollständig von den Aluminiumkomponenten durch Klebstoff galvanisch getrennt werden. [4]

Im KTL-Prozess treten bei Prozesstemperaturen von ca. 210 °C Spannungen zwischen den Bauteilen aufgrund unterschiedlicher Wärmeausdehnungskoeffizienten auf, die zu bleibendem Verzug der Karosserie führen können.

Laut der Quelle [5] lässt sich das am Markt erhältliche SSKV im Vergleich zu Aluminiumblech deutlich wirtschaftlicher produzieren, was sich im Materialpreis wiederspiegelt. Die Abbildung 1 zeigt den Gewichts- und Kostenvergleich von Litecor® und Aluminium im Vergleich zu konventionellem Stahl. Der Begriff „Litecor®" ist die vom Blechhersteller geschützte Bezeichnung für das in dieser Arbeit verwendete SSKV.

**Steifigkeitsoptimiertes Stahlsandwich LITECOR™**
Gewichts- und Kostenvergleich: Stahl – LITECOR™ – Al

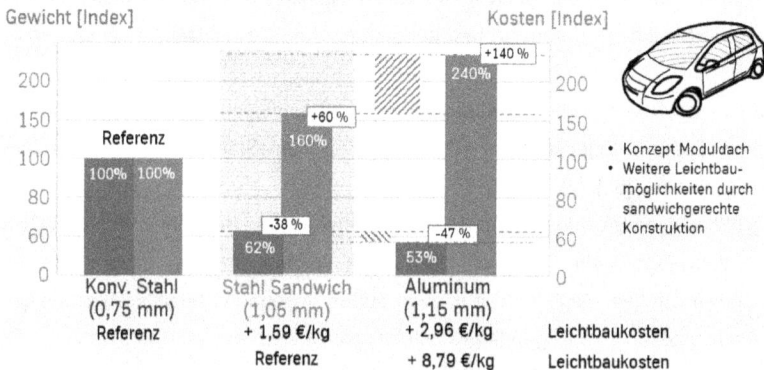

Abbildung 1: Gewichts- und Kostenvergleich ausgewählter Werkstoffe [5]

Laut der Abbildung 1 können durch den Einsatz von SSKV oder Aluminium im Vergleich zur Stahl-Referenz Gewichtseinsparungen von ca. 38 bis 47 % erzielt werden. Der Einsatz von Aluminium im Vergleich zu dem Verbundwerkstoff ermöglicht jedoch nur eine relativ geringe Gewichtsreduzierung bei deutlich höheren Kosten. [5]

Auch der Vergleich des $CO_2$-Ausstoßes über die Fahrzeugproduktion und das Fahrzeugleben spricht für den Verbundwerkstoff. In Abbildung 2 wird der $CO_2$-Ausstoß eines Fahrzeugs über die Produktions- und Gebrauchsphase dargestellt.

## Ein Vergleich zum Life Cycle Assessment für ein Autodach

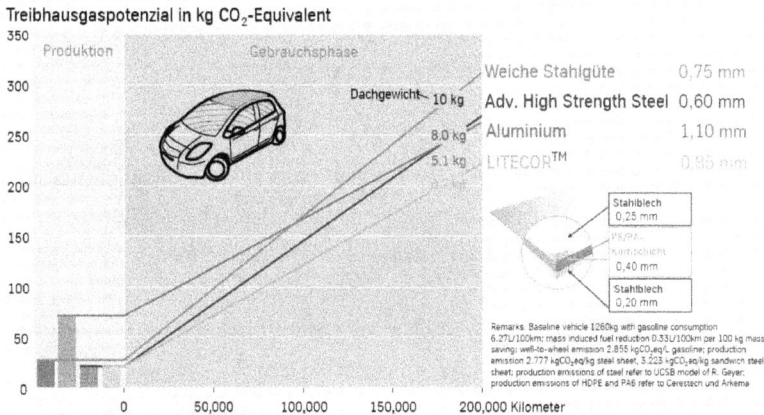

Abbildung 2: $CO_2$-Emission in Produktions- und Gebrauchsphase [5]

Der Herstellungsprozess von Aluminium ist gegenüber Stahl und SSKV energieaufwändiger. [5]

Abhängig von Transportwegen und Herstellungsprozessen wird bei der Materialherstellung eine vergleichsweise höhere Energiemenge benötigt. [6],[7]

Der höhere $CO_2$-Ausstoß kann über eine Gesamtfahrleistung von 200.000 km nicht durch die geringere Fahrzeugmasse kompensiert werden. Der innovative Verbundwerkstoff ist daher für einen umweltfreundlichen Leichtbau prädestiniert. [5]

Zusätzlich bedingen nachhaltige Werkstoff- bzw. Karosseriekonzepte auch deren wirtschaftliche Recyclingfähigkeit. Ein wichtiges Ziel im Entwicklungslastenheft stellt die Verwertung der Karosseriewerkstoffe am Ende der Nutzungsdauer dar. Die Recycelbarkeit ist abhängig von der Zahl und Art der verwendeten Werkstoffe und der Einfachheit mit der sie identifiziert und getrennt werden können. [8],[9]

Eine Trennung von Stahl und Stahl-Kunststoff-Verbundblech ist vor dem Wiedereinschmelzen nicht erforderlich. [18]

Die Realisierung des neuen Karosseriekonzeptes, bestehend aus hoch- und höchstfesten Stahl mit Stahl-Kunststoff-Verbundblech, bedingt jedoch eine Fügetechnik, die unter Großserienbedingungen prozesssicher und wirtschaftlich einsetzbar ist. Derzeit existiert jedoch kein großserientaugliches Fügeverfahren zur Verbindung von höchstfesten Stahlgüten mit Stahl-Kunststoff-Verbundblechen. Die Kunststoffschicht im Verbundblech lässt kein thermisches Fügen mittels Strahl- oder Lichtbogenverfahren zu. Sie wirkt zudem als elektrischer Isolator, wodurch das herkömmliche Widerstandsschweißen ebenfalls nicht einsetzbar ist. Das ökonomisch wirtschaftliche Fügen von Verbundblech mit formgehärtetem Stahl gilt bei mechanischen Fügeverfahren nach wie vor als Herausforderung.

## 1.2. Zielsetzung und Vorgehensweise

Das Ziel dieser Arbeit ist die Konzeption und Entwicklung einer großserientauglichen Fügetechnologie zur Verbindung von formgehärtetem Stahl mit dem SSKV, um das beschriebene Karosseriekonzept zu realisieren und die enormen wirtschaftlichen Vorteile auszuschöpfen.

Der Fügeprozess basiert auf zwei zeitlich aufeinanderfolgenden Verfahrensschritten. Im ersten Verfahrensschritt wird die Kunststoffkernschicht unter Einwirkung von Wärme und Druck radial aus der Fügezone verdrängt. Im zweiten Verfahrensschritt wird das Verbundblechbauteil mit dem formgehärteten Stahl oder mit sich selbst widerstandspunktgeschweißt. Der Wirkmechanismus wird in Kapitel 4 detailliert beschrieben.

In der Arbeit wird die für den Verdrängungsprozess relevante Anlagentechnik entwickelt und auf Funktion getestet. Durch die Überwachung bzw. Auswertung von Spannungs- und Stromstärkeverläufen wird eine adaptive Regelung zur Minimierung der Prozesszeiten konzipiert. Die Signale können weiterhin zur Qualitätssicherung des Verdrängungsprozesses verwendet werden. Es werden verfahrenstechnische Einflussfaktoren auf den Verdrängungsprozess beschrieben und eine Sensitivitätsanalyse durchgeführt.

Die im zweiten Verfahrensschritt erzeugten Fügeverbindungen werden hinsichtlich ihrer technologischen Eigenschaften untersucht. Abhängig von den mechanischen Gütewerten und der Korrosionsanfälligkeit werden Konstruktionshinweise gegeben. Die Vorgehensweise der Arbeit wird in der Abbildung 3 verdeutlicht.

Start

Konzeption Fügeverfahren für
Stahl – Kunststoff - Verbundblech
mit formgehärtetem Stahl

Entwicklung
der Anlagentechnik

Konzept
adaptive Regelung

Konzept
Qualitätssicherung

Funktionsprüfung i. O.

Nein

Ja

Untersuchung Verdrängungsprozess

Verdrängungsprozess i. O.

Nein

Ja

Schweißversuche

Fügen von
Verbundblech mit formgehärtetem Stahl

Fügen von
Verbundblech mit Verbundblech

Untersuchung Fügeprozess

Bewertung
technologischer Eigenschaften
der erzeugten Verbindungen

Ableiten von Konstruktionshinweisen

Herstellbarkeit gegeben

Nein

Ja

Umsetzung in der Praxis / Aufbau Fahrzeugboden

Ende

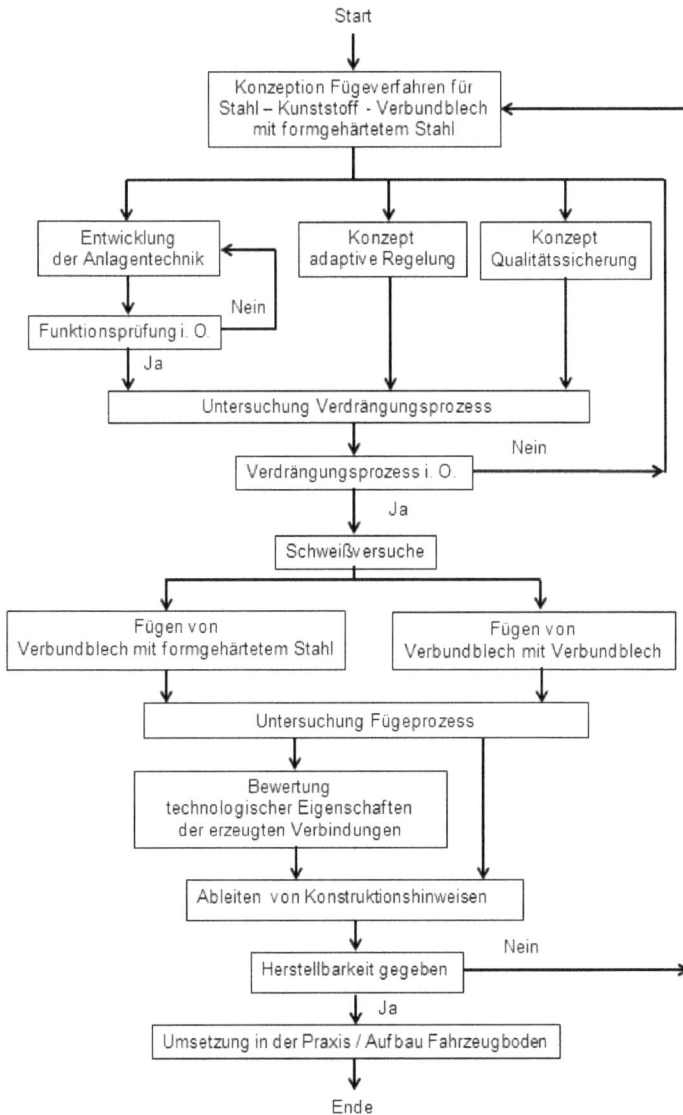

**Abbildung 3: Schematische Darstellung Vorgehensweise der Arbeit**

Der Nachweis der Herstellbarkeit wird an einem Fahrzeugboden erbracht. Für die Realisierung der Baugruppe werden formgehärtete Strukturbauteile mit Bodenblechen bestehend aus dem SSKV miteinander gefügt.

Im folgenden Kapitel (Stand der Technik) wird die Werkstoffcharakteristik des SSKV und des formgehärteten Stahls detailliert beschrieben und das Potential für die moderne Karosseriekonstruktion mit dem Ziel der Gewichtsreduzierung verdeutlicht. Weiterhin werden die Einflussfaktoren auf die Fügbarkeit von Blechbauteilen unter Großserienbedingungen aufgezeigt und die Anwendbarkeit heutiger Fügeverfahren diskutiert.

# 2. Stand der Technik

## 2.1. Einfluss der Fahrzeugmasse auf den Energieverbrauch

Wie bereits erwähnt, kommt es besonders im städtischen Verkehr zu häufigen Beschleunigungs- und Verzögerungsphasen. Die Gleichung 1 zeigt den notwendigen Energiebedarf zur Beschleunigung eines Kraftfahrzeugs in Abhängigkeit des Fahrwiderstands auf:

$$E = \int \frac{1}{\eta_{Antrieb}} * (F_W) * ds \qquad\qquad \text{Gl. 1}$$

mit

| | |
|---|---|
| $\eta_{Antrieb}$ | Antriebswirkungsgrad |
| $F_W$ | Fahrwiderstand |
| ds | zurückgelegte Wegstrecke |

Der Fahrwiderstand ergibt sich entsprechend der Gleichung 2:

$$F_W = m * g * f_R + (m + m_{rot}) * a + \frac{\rho_{Luft}}{2} * v^2 * c_W * A + m * g * sin\,\alpha \qquad \text{Gl. 2}$$

$$F_W = F_R + F_B + F_L + F_{ST}$$

mit

| | |
|---|---|
| $F_R$ | Rollwiderstand |
| $F_B$ | Beschleunigungswiderstand |
| $F_L$ | Luftwiderstand |
| $F_{ST}$ | Steigungswiderstand |
| m | Masse |
| $m_{rot}$ | rotierende Massen |

Es wird deutlich, dass mit Ausnahme des Luftwiderstandes jeder Fahrwiderstand und damit der Energieverbrauch eine direkte Abhängigkeit von der Fahrzeugmasse besitzt. [10]

Mit einem relativ großen Anteil am Fahrzeuggewicht besteht bei der Karosserie durch den Einsatz moderner Werkstoffsysteme ein hohes Leichtbaupotential. [11], [12], [13], [14]

Um neben der Gewichtsreduzierung die heutigen Crashanforderung erfüllen zu können, werden die formgehärteten Strukturbauteile in einem stetig wachsenden

Umfang eingesetzt. Bei den Beplankungsteilen wird primär eine relativ hohe Steifigkeit bei geringem Gewicht gefordert. Diesen Anforderungen kann ein SSKV in hohem Maße gerecht werden. Im Folgenden werden die beiden Werkstoffsysteme und ihre mechanischen Eigenschaften näher beschrieben.

## 2.2. Potential Stahl-Kunststoff-Verbundblech im Karosseriebau

Auf die Fahrzeuginsassen wirken Schallbelastungen durch den Fahrtwind, Fahrbahnunebenheiten und Motorgeräusche ein. Da im heutigen Automobilbau meist monolithische Metallbleche mit geringen Dämpfungseigenschaften verwendet werden, kommen verschiedenste Akustikkonzepte zur Reduzierung der Innenraumgeräusche in Fahrzeugen zum Einsatz. Beispielsweise werden im Rohbau Schmelzmatten eingelegt, in der Montage Dämpfungsfolien eingeklebt oder ein adhäsiver hinterschäumter Teppich eingebracht. Diese Schallschutzmaßnahmen führen zu erheblichen Gewichts- und Kostensteigerungen. [15], [16]

Eine Alternative stellen Stahl-Kunststoff-Verbundbleche dar, z.B. das am Markt verfügbare Bondal®, welches über körper- und luftschalldämmende Eigenschaften verfügt (siehe Abbildung 5).

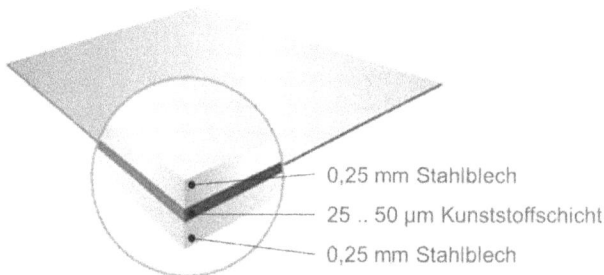

0,25 mm Stahlblech
25 .. 50 µm Kunststoffschicht
0,25 mm Stahlblech

**Abbildung 5: Schematischer Aufbau Bondal® [20]**

Bestehend aus zwei Metalldeckblechen und einer mittig liegenden viskoelastischen Kunststoffschicht, wird eine eingeleitete Schwingungsenergie vom Kunststoff absorbiert und in Wärme umgewandelt. Die Abbildung 6 zeigt die frequenz- und temperaturabhängigen Verlustfaktoren für Bondal®.

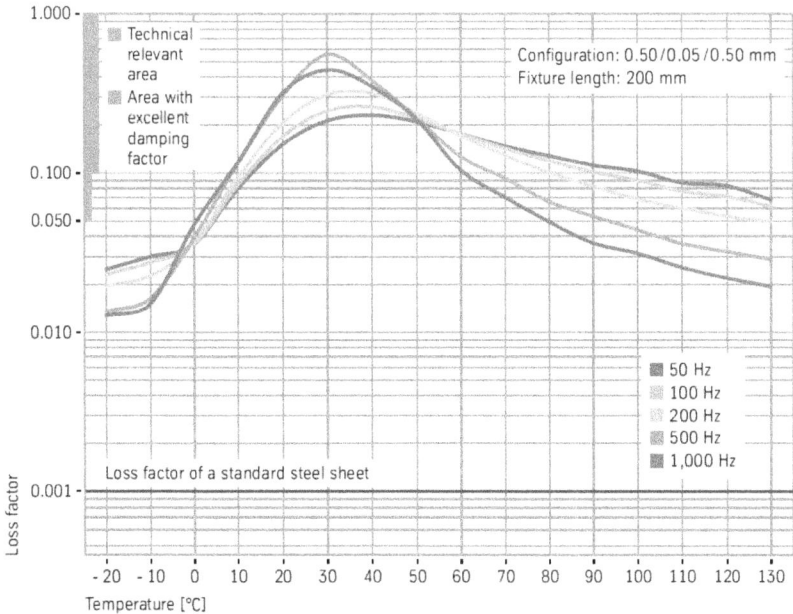

**Abbildung 6: Abhängigkeit des Verlustfaktors von der Temperatur und Frequenz [20]**

Der Werkstoff kommt in lärmsensiblen Bereichen wie z.B. bei Garagentoren und Altglascontainern zum Einsatz. In der Automobilindustrie wird er z.B. im Antriebsstrang bei Ölwannen und Getriebedeckeln verwendet. [18], [20], [21], [22] Die Abbildung 7 verdeutlicht die Gewichtsreduzierung gegenüber konventionellen Stahl mit Bitumenauftrag.

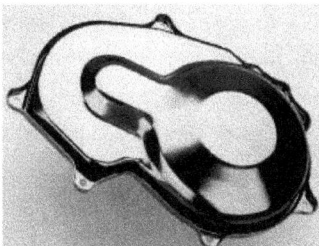

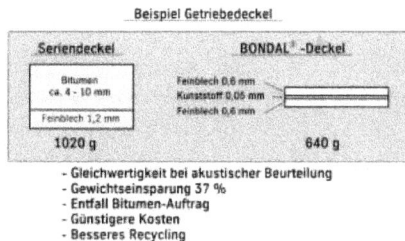

**Abbildung 7: Anwendung Bondal® bei Getriebedeckel [21]**

Der Nachteil des Schichtaufbaus im Vergleich zu monolithischen Metallblechen ist eine verminderte gewichtsspezifische Biegesteifigkeit. Die relativ weiche, viskoelastische Zwischenschicht verformt sich unter Schubbelastung. [17]

Eine Weiterentwicklung stellt das SSKV dar, welches eine 0,4 bis 1,5 mm dicke Polymerlage zwischen den Metalldeckblechen aufweist. Die Zwischenschicht ist ein Gemisch aus Polyamid 6 und Polyethylen und wirkt hier als schubsteifer Abstandhalter. Entsprechend der Abbildung 8 sind zwei Stahldeckbleche der Dicke 0,25 mm ganzflächig mit einer mittig angeordneten thermoplastischen Polymerlage verbunden. [19]

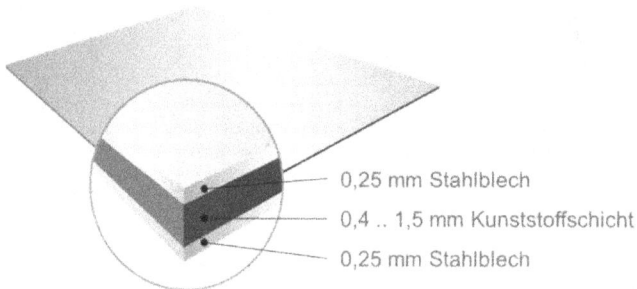

0,25 mm Stahlblech
0,4 .. 1,5 mm Kunststoffschicht
0,25 mm Stahlblech

**Abbildung 8: Aufbau SSKV [19]**

Durch eine Biegebeanspruchung werden Schubspannungen in das SSKV induziert. Diese müssen von der chemischen Bindung zwischen der Polymerkernschicht und den außen liegenden Metalldeckblechen übertragen werden. Kommt es zu einem Abbau der Schubspannung durch eine Relativbewegung der einzelnen Lagen zueinander oder durch ein Fließen in den Einzellagen, wird das SSKV dauerhaft geschädigt.

Durch einen speziell auf die Werkstoffkombination abgestimmten Walzprozess ist eine ausreichende Adhäsion des Werkstoffverbundes bei mechanischer Beanspruchung (Biegung, Zug, Schälen) gegeben. Die beiden Metalldeckbleche werden mit der innenliegenden Polymerlage in einem Walzprozess vereint.

Zurzeit kann das SSKV in Platinen- oder Coilform in einer für die Fahrzeugindustrie relevanten Breite von 1600 mm wirtschaftlich hergestellt werden. Die mechanischen Eigenschaften des SSKV sind an die im Fahrzeugleben oder Crash auftretenden Belastungen anpassbar. Die Biege- und Beulsteifigkeit hängt überproportional von der Dicke der Polymerlage ab. [19]

Die mechanischen Eigenschaften der Kunststoffschicht sind in Tabelle 1 dargestellt.

**Tabelle 1: Mechanische Eigenschaften der Kunststoffschicht [17]**

| Polymer | Dicken-Bereich [mm] | E-Modul [MPa] | Zugfestigkeit $R_m$ [MPa] | Bruchdehnung $A_{80}$ [%] | Dichte [g/cm³] |
|---------|---------------------|---------------|---------------------------|---------------------------|----------------|
| PA PE Compound | 0,3 - 1,1 | 980 | 36 | 190 | 1,03 |

Die exakte chemische Zusammensetzung und mechanischen Eigenschaften werden in der Literatur nicht veröffentlicht.

Die Festigkeitsklasse und die Dicke der Stahldeckbleche können anforderungsgerecht ausgewählt werden. Beispielhaft sind die mechanischen Eigenschaften eines Dualphasenstahls in Tabelle 2 dargestellt. [17]

**Tabelle 2: Mechanische Eigenschaften der Deckbleche DP-K30/50 [17]**

| Stahlsorte Kurzname | Dicken-Bereich [mm] | 0,2%-Dehngrenze $R_{p0,2}$ [MPa] | Zugfestigkeit $R_m$ [MPa] | Bruchdehnung $A_{80}$ [%] |
|---------------------|---------------------|----------------------------------|---------------------------|---------------------------|
| DP-K30/50 +ZE50/50  Höherfester Dualphasenstahl | 0,2 - 0,3 | 350 | 550 | 23 |

Bei einer Biegebeanspruchung werden in einen Querschnitt Zug- und Druckspannungen sowie Schubspannungen induziert. In der neutralen Faser gehen die Spannungen gegen Null. Nach außen hin wächst der Betrag der Spannung im Querschnitt stetig an. Mit einer beanspruchungsgerechten Werkstoffauswahl können Gewichtsvorteile erzielt werden.

Im Beispiel des SSKV Litecor® werden die Zug- und Druckspannungen durch die außen liegenden Metalldeckbleche aufgenommen. Die Polymerkernschicht dient hauptsächlich der Übertragung der Schubspannungen. Aufgrund des im Vergleich zum Stahl deutlich geringeren E-Moduls werden die Zug- und Druckspannungen nahezu vollständig abgebaut. Durch Verwendung eines Polymerwerkstoffes als Kernschicht mit einer im Vergleich zum Stahl um ca. 86 % geringeren Dichte können deutliche Gewichtsvorteile erzielt werden. In der Tabelle 3 werden die Materialien Aluminium, Stahl und das Verbundblech Litecor® hinsichtlich des Flächengewichts, der Biegesteifigkeit und des Preises gegenüber gestellt.

**Tabelle 3: Leichtbau-Schlüsselparameter im Vergleich [23]**

| Material | Aufbau/ Dicken | Flächengewicht (kg/m²) | Biege- steifigkeit* | Preis (Indiziert €/m²) |
|---|---|---|---|---|
| Aluminium | 1,1 mm | 2,97 | 105 % | 230 |
| Aluminium | 1,0 mm | 2,7 | 79 % | 210 |
| Stahl (Referenz) | 0,75 mm | 5,8 | 100 % | 100 |
| LITECOR® | 0,2/0,4/0,2 mm = 0,8 mm | 3,5 | 106 % | 150 |
| LITECOR® | 0,2/0,4/0,25 mm = 0,85 mm | 3,9 | 129 % | 160 |
| LITECOR® | 0,2/0,7/0,2 mm = 1,1 mm | 3,8 | 234 % | 170 |

\* Analytische Berechnung basierend auf Platinengröße 1.780 x 1.688 mm²

Es wird verdeutlicht, dass das SSKV abhängig von den Einzelschichtdicken ein deutliches Leichtbaupotential gegenüber der Stahlreferenz aufweist. Das vergleichsweise geringe Leichtbaupotential von Aluminium gegenüber dem SSKV ist mit relativ hohen Mehrkosten verbunden. Diese Kernaussage wird in der Abbildung 9 grafisch verdeutlicht.

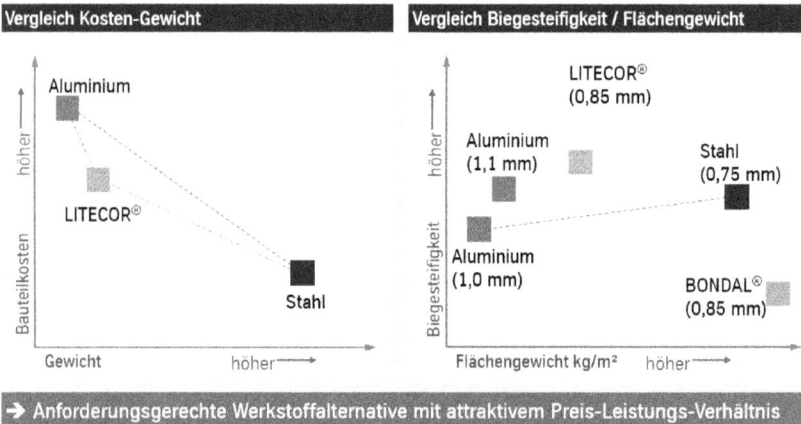

**Abbildung 9: Positionierung Litecor® im Werkstoffmix [23]**

Weiterhin wird deutlich, dass das Verbundblech Litecor® gegenüber dem Verbundblech Bondal® bei gleicher Gesamtblechdicke ein geringeres Flächengewicht und gleichzeitig eine größere Biegesteifigkeit aufweist.

In der Quelle [24] und der Quelle [25] wird durch Festigkeits- und Steifigkeitsbetrachtungen das Leichtbaupotential von Sandwichwerkstoffen gegenüber monolithischen Werkstoffen verdeutlicht.

Analog wird im Folgenden eine analytische Betrachtung der Biegesteifigkeiten von monolithischem Stahl, Bondal® und Litecor® anhand eines Balkenmodells durchgeführt. Entsprechend der Abbildung 10 wird der Balken einer Länge L an seinen Enden durch ein Fest- und ein Loslager statisch bestimmt gelagert. Durch eine mittig einwirkende Einzelkraft F werden in den Balken Biegespannungen induziert. Abhängig von der Belastung kommt es zu einer Durchbiegung e. Die Querkraftdehnung und die Schubdeformationen werden vernachlässigt.

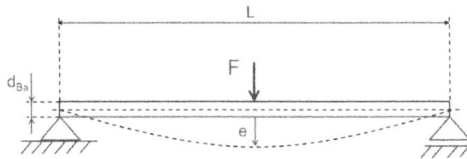

**Abbildung 10: Balkenmodell**

Der Querschnitt des Balkens entspricht über die Länge konstant einem Blechstreifen der Breite b und dem Schichtaufbau der Verbundwerkstoffe (siehe Abbildung 11). Die Materialdicke des monolithischen Stahls DC05 entspricht mit 0,7 mm der derzeitig üblichen Anwendung als Außenhaut.

monolithischer Stahl                  Bondal®                     Litecor®

(t = 0,7 mm)         (t = 0,4/0,025/0,4 mm)       (t = 0,25/0,5/0,25 mm)

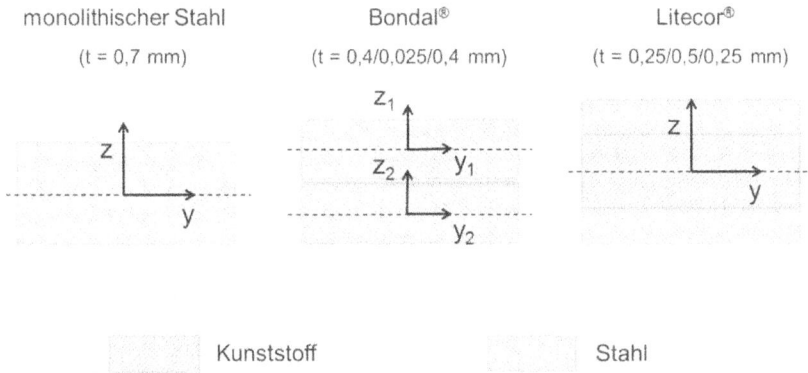

**Abbildung 11: Vergleich Schichtaufbau ausgewählter Werkstoffe**

Für den monolithischen Stahl DC05 wird die ertragbare Maximalkraft $F_{max,M}$ berechnet. Dabei soll die auftretende Maximalspannung die werkstoffspezifische Streckgrenze von 153 N/mm² nicht übersteigen. Weiterhin wird die bei dieser Belastung auftretende elastische Durchbiegung e ermittelt. Für den Lastfall gilt nach [26],[27],[28]:

Flächenträgheitsmoment $I_{yy,M}$ monolithischer Stahl:                 Gl. 3

$$I_{yy,M} = \frac{b * d_M{}^3}{12}$$

Maximales Biegemoment $M_{b,max,M}$ in Balkenmitte:                Gl. 4

$$M_{b,max,M} = \frac{F_{max,M}}{2} * \frac{L}{2}$$

Maximale Biegespannung $\sigma_{b,max,M}$:                           Gl. 5

$$\sigma_{b,max,M} = \frac{M_{b,max,M} * y_{max,M}}{I_{yy,M}}$$

mit:                                                      Gl. 6

$$y_{max,M} = -\frac{d_M}{2}$$

Maximale Kraft $F_{max,M}$:                                       Gl. 7

$$\sigma_{b.max.M} = R_{P0,2} = -\frac{M_{b,max.M} * y_{max,M}}{I_{yy,M}} = \frac{\frac{F_{max,M}}{2} * \frac{L}{2} * \frac{d_M}{2}}{\frac{b * d_M{}^3}{12}} = \frac{3}{2} * \frac{F_{max,M} * L}{b * d_M{}^2}$$

$$F_{max,M} = \frac{2}{3} * \frac{b * d_M{}^2 * R_{P0,2}}{L} = \frac{2}{3} * \frac{20\ mm * (0,7\ mm)^2 * 153\ \frac{N}{mm^2}}{100\ mm} = 9{,}996\ N \cong 10\ N$$

Maximale Durchbiegung $e_M$ in Balkenmitte:                   Gl. 8

$$e_M = \frac{F_{max,M} * L^3}{48 * E_S * I_{yy,M}} = \frac{9{,}996\ N * (100\ mm)^3}{48 * 210000\ \frac{N}{mm^2} * \frac{20\ mm * (0,7\ mm)^3}{12}} = 1{,}73\ mm$$

Der Blechstreifen, bestehend aus monolithischem Stahl, kann eine Maximalkraft von ca. 10 N ertragen. Dabei kommt es zu einer maximalen Verschiebung von 1,73 mm. Der Verbundwerkstoff Bondal® besteht aus zwei Metalldeckblechen und einer viskoelastischen Polymerkernschicht. Unter einer Biegebeanspruchung werden die auftretenden Schubspannungen zwischen den Metalldeckblechen durch ein Fließen der Kunststoffschicht abgebaut. Der Verbundwerkstoff verhält sich nahezu wie zwei übereinander liegende monolithische Stahlbleche. Ein Blechstreifen, bestehend aus Bondal®, muss daher eine größere Gesamtblechdicke aufweisen, um eine vergleichbare Belastung zu ertragen. Im Folgenden wird die notwendige Blechlagendicke $d_B$ berechnet, damit eine vergleichbare Belastung von 10 N ertragen wird.

Gl. 9

$$d_B = \sqrt{\frac{3 * F_{max,M} * L}{4 * b * R_{P0,2}}} = \sqrt{\frac{3 * 10\ N * 100\ mm}{4 * 20\ mm * 153\ \frac{N}{mm^2}}} = 0,495\ mm \cong 0,5\ mm$$

Die Maximale Durchbiegung in Balkenmitte beträgt:         Gl. 10

$$e_B = \frac{F_{max,B} * L^3}{2 * 48 * E_S * I_{yy,B}} = \frac{10\ N * (100\ mm)^3}{2 * 48 * 210000\ \frac{N}{mm^2} * \frac{20\ mm * (0,5\ mm)^3}{12}} = 2,38\ mm$$

Es zeigt sich, dass ein Blechstreifen aus Bondal® eine Gesamtdicke von ca. 1 mm aufweisen muss, damit eine mit dem 0,7 mm dicken monolithischen Stahl vergleichbare Tragfähigkeit erzielt wird. Der Vergleich der Durchbiegungen zeigt, dass Bondal® eine vergleichsweise geringere Biegesteifigkeit aufweist.

Der Verbundwerkstoff Litecor® verfügt im Vergleich zu Bondal über einen schubsteifen Kunststoffkern. Das Flächenträgheitsmoment $I_{yy,K}$ der Kunststoffkernschicht berechnet sich entsprechend:

Gl. 11

$$I_{yy,K} = \frac{b * d_K^3}{12} = \frac{20\ mm * (0,5\ mm)^3}{12} = 0,20833\ mm^4$$

Die Flächenträgheitsmomente der Litecor®-Deckbleche $I_{yy,D}$ bezogen auf die neutrale Faser mittig im Werkstoffverbund setzt sich nach dem Satz von Steiner aus den Flächenträgheitsmomenten der beiden Deckbleche und dem Produkt aus der Querschnittsfläche und dem Quadrat des Abstandes von Flächenschwerpunkt zur neutralen Faser zusammen:

Gl. 12

$$I_{yy,D} = \frac{b * d_D{}^3}{12} + b * d_D * (\frac{d_K + d_D}{2})^2$$

$$I_{yy,D} = \left(\frac{20 \ mm * (0{,}25 \ mm)^3}{12} + 20 \ mm * 0{,}25 \ mm * \left(\frac{0{,}5 \ mm + 0{,}25 \ mm}{2}\right)^2\right)$$

$$I_{yy,D} = 0{,}72916 \ mm^4$$

Mit dem Elastizitätsmodul für Kunststoff $E_K$ (= 1000 N/mm$^2$) und dem Elastizitätsmodul von Stahl $E_S$ (= 210000 N/mm$^2$) berechnet sich nach [27] eine Durchbiegung des Litecor®-Balkens $e_L$ nach:

Gl. 13

$$e_L = \frac{F * L^3}{48 * (E_K * I_{yy,K} + 2 * E_S * I_{yy,D})}$$

$$e_L = \frac{10 \ N * (100 \ mm)^3}{48 * (980 \frac{N}{mm^2} * 0{,}20833 \ mm^4 + 2 * 210000 \frac{N}{mm^2} * 0{,}72916 \ mm^4)} = 0{,}68 \ mm$$

Der Vergleich des Gewichts zeigt das Steifigkeits- und Leichtbaupotential von Litecor® auf. Bei einem im Vergleich zu monolithischem Stahl um 20 % geringerem Gewicht wird eine ca. 2,5-fache Biegesteifigkeit erreicht.

Daraus resultierend erschließt sich der mögliche Haupteinsatzbereich im Fahrzeugbau über tiefgezogene Formbauteile wie Bodenbleche, Rückwände, Trennwände, Stirnwände, Innen- und Außenteile von Dächern, Klappen und Türen. Das SSKV Litecor® besitzt ein im Verhältnis zu seinem Gewicht hohes Flächenträgheitsmoment der Querschnittsfläche und damit eine relativ hohe Beulsteifigkeit. Es zeichnet sich im Vergleich zu monolithischen Metallblechen durch eine höhere Schwingungs- und Körperschalldämpfung aus. In diesem Zusammenhang kann eine Minimierung von Schallschutzmaßnahmen erfolgen. Die Wirtschaftlichkeit der Sandwichbauweise gegenüber monolithischen Stahl und Aluminium verdeutlicht die Abbildung 12.

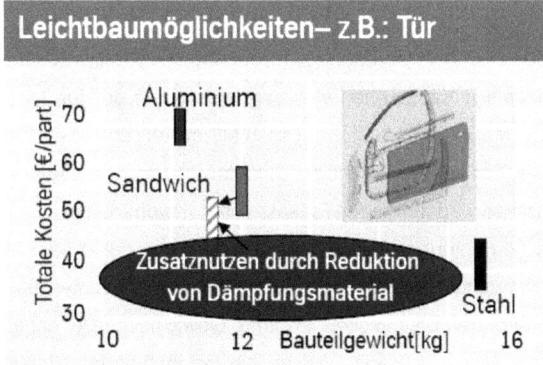

**Abbildung 12: Potential Sandwichbauweise am Bsp. Fahrzeugtür [5]**

Durch die Einsparung an Dämpfungsmaterial kann das Bauteilgewicht im Vergleich zu monolithischen Stahl verringert werden. Ein Bauteil aus Aluminium ist bei gleicher Funktionalität geringfügig leichter, jedoch ca. 50 % kostenintensiver als ein Bauteil aus dem Sandwichblech Litecor®.

Der Verbundwerkstoff, speziell die Polymerlage, ist in üblichen KTL-Prozessen der Automobilindustrie bei Temperaturen bis zu 200 °C für eine Dauer von maximal 30 Minuten beständig und formstabil. [29]

In Vorversuchen wurde eine Schmelztemperatur der Polymerlage von ca. 240 °C bestimmt.

Die Stahldeckbleche weisen eine beidseitige elektrolytische Verzinkung von 5 µm zur Gewährleistung des Korrosionsschutzes auf. [29]

In diesem Kapitel wurde das Potential des SSKV für großflächige Karosseriebauteile aufgezeigt. Die mechanischen Anforderungen an Beplankungsteile werden erfüllt. Durch den belastungsgerecht ausgelegten Schichtaufbau des Verbundwerkstoffes werden deutliche Gewichtsvorteile erzielt.

Die Aufnahme von den im Fahrzeugleben auftretenden Betriebskräften und die Gewährleistung der gesetzlich geforderten Crashsicherheit werden durch formgehärtete Stähle optimal gewährleistet. Im folgenden Kapitel werden die Werkstoffeigenschaften des formgehärteten Stahles 22MnB5 erläutert und das daraus abgeleitete Leichtbaupotential für moderne Karosseriekonzepte aufgezeigt.

## 2.3.   Potential höchstfester Stahl im Karosseriebau

Durch die gesetzlichen Anforderungen zur Senkung des Kraftstoffverbrauchs müssen heutige und zukünftige Karosserien eine vergleichsweise geringe Masse aufweisen. Gleichzeitig soll mehr Sicherheit im Crashfall erzielt und die Kosten für neue Fahrzeugmodelle möglichst gering gehalten werden. Eine wirtschaftliche Leichtbaumöglichkeit wird durch den Einsatz von formgehärtetem Stahl geschaffen.

Der borlegierte Formhärtungsstahl 22MnB5 weist durch seine sehr hohe Festigkeit ein großes Leichtbaupotential auf. Besonders bei crashrelevanten Bauteilen werden durch Reduzierung der Blechdicken enorme Gewichtsvorteile erzielt. Durch eine Zugfestigkeit von bis zu 1600 MPa weisen die formgehärteten Strukturbauteile den höchsten Widerstand gegen Verformungen auf. [30], [31], [32], [33], [34]

Die Abbildung 13 zeigt die Anwendung höchstfester Stähle in der Karosseriestruktur des VW Passat.

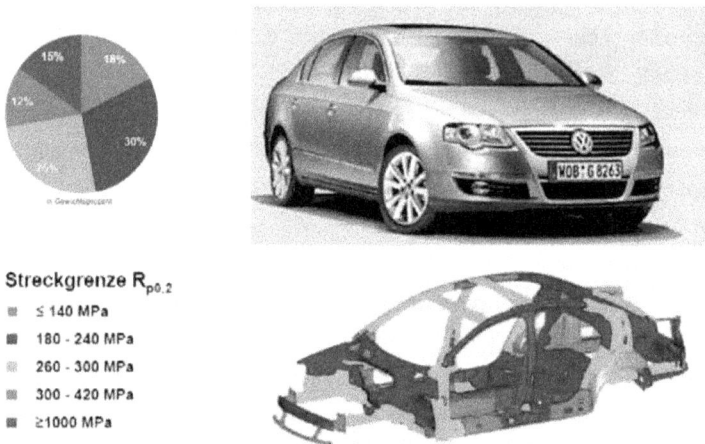

Streckgrenze $R_{p0.2}$

- ≤ 140 MPa
- 180 - 240 MPa
- 260 - 300 MPa
- 300 - 420 MPa
- ≥1000 MPa

Abbildung 13: Einsatz formgehärteter Stahl im Passat B6 [30]

Beim Härten wird das vorbeschichtete Ausgangsmaterial beispielsweise im Röhrenofen auf die Austenitisierungstemperatur $A_{C3}$ erhitzt. Eine vollständige Erwärmung der Bauteile kann nach einer Ofenverweildauer von ca. 10 Minuten bei einer Ofentemperatur von 900 bis 950 °C garantiert werden. Anschließend findet die Formgebung in gekühlten Gesenken unter einer Mindestabkühlgeschwindigkeit von ca. 25 K/s statt. Der gehärtete Stahl weist entsprechend der Abbildung 14, im Vergleich zu anderen derzeit im Karosseriebau eingesetzten Stahlgüten, die höchste Zugfestigkeit auf. [35],[36],[37]

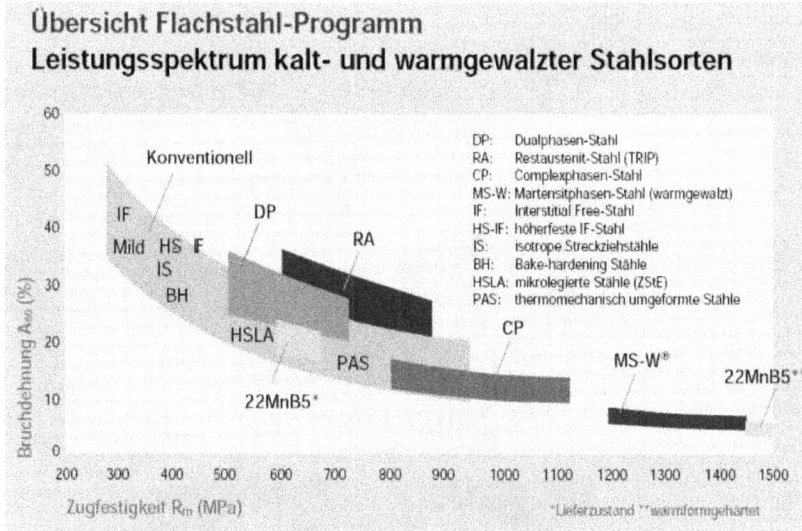

**Übersicht Flachstahl-Programm**
**Leistungsspektrum kalt- und warmgewalzter Stahlsorten**

Abbildung 14: Mechanische Eigenschaften verschiedener Stahlsorten [33]

Um eine Verzunderung des Stahls im Röhrenofen zu vermeiden, wird dem Ausgangsmaterial beidseitig eine ca. 25 µm dicke Aluminium – Silizium Beschichtung aufgetragen. Das entspricht einer Auflagenmasse von 150 g/m$^2$ Blech (verteilt auf beide Seiten). Sie bildet unter dem Einfluss der hohen Temperaturen Fe-Al-Si-Phasen, welche die Verbindung der Beschichtung mit dem Grundwerkstoff begünstigen. Die spröden intermetallischen Fe-Al-Si-Phasen wirken im späteren Produktlebenszyklus korrosionshemmend. [35], [38]

Durch die Formgebung der erhitzten Platinen im wassergekühlten Gesenk weisen die Bauteile aus 22MnB5 eine relativ hohe Maßhaltigkeit auf. Im Vergleich dazu weisen kaltumgeformte Stähle mit zunehmender Grundwerkstofffestigkeit tendenziell größere geometrische Schwankungen auf.[39],[40],[41],[42]

In der Quelle [43] wird gezeigt, dass mit größeren Bauteiltoleranzen erhöhte Kosten durch Prozessstörungen und damit einhergehender Nacharbeit entstehen.

Neben den beschriebenen Vorteilen weisen formgehärtete Bauteile eine relativ geringe Bruchdehnung von 5 bis 7 % auf, wodurch im Crashfall nur relativ geringe Verformungen bzw. Energieabsorptionen erzielt werden können. [44]

Werden die Bauteile beim Formhärtungsprozess bereichsweise unterschiedlichen Temperaturführungen ausgesetzt, lassen sich gezielt unterschiedliche mechanische Eigenschaften realisieren. Dieser Prozess wird als partielles Formhärten (Tailored

Tempering) bezeichnet. Dadurch weisen die Bauteile entsprechende funktionale und fügetechnische Vorteile auf. [45]

In der Abbildung 15 ist beispielhaft das Spannungs-Dehnungs-Diagramm (Fließkurve) einer partiell gehärteten B-Säule dargestellt.

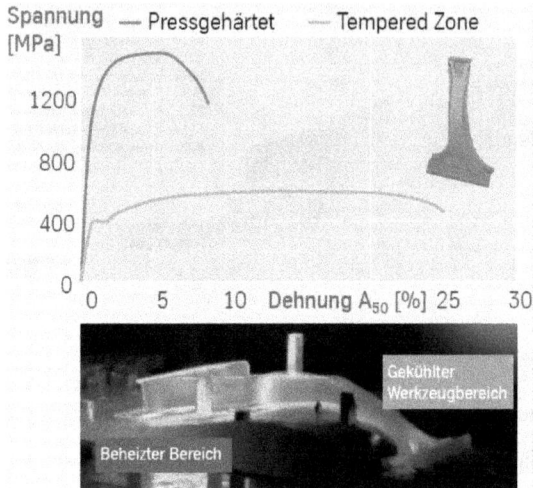

Abbildung 15: Fließkurve eines Tailored Tempering Bauteils [23]

Abhängig vom Abkühlgradienten stellen sich Bauteilbereiche mit relativ hoher Zugfestigkeit und geringer Bruchdehnung sowie Bauteilbereiche mit relativ geringer Zugfestigkeit und hoher Bruchdehnung ein. Durch das erweiterte Gütenspektrum infolge der gesteuerten Platinentemperatur oder der geregelten Abkühlgeschwindigkeit kann die Konstruktionsfreiheit gesteigert werden. [5]

Die Abbildung 16 zeigt beispielhaft den Einsatz von partiell gehärteten Längsträgern, B-Säulen und einem Dachrahmen in einer Karosseriestruktur.

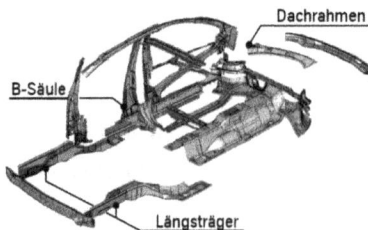

Abbildung 16: Einsatz Tailored Tempering Bauteil [23]

Durch Bauteilbereiche mit höherem Bruchdehnungsvermögen kann somit zum sekundären Insassenschutz beigetragen werden. [46],[47]

Laut der Quelle [48] kommt der formgehärtete Stahl auch als laserstrahlgeschweißte Tailored Blanks (engl., bedeutet: maßgeschneiderte Platine) zur Realisierung von funktionsoptimierten Strukturbauteilen zum Einsatz. Durch Blechdickenvariation entlang der Bauteilkontur wird eine optimale Auslegung hinsichtlich Stabilität und Leichtbau ermöglicht.

In diesem Abschnitt wurde das Leichtbaupotential des formgehärteten Vergütungsstahls hinreichend beschrieben. Die produktionstechnische Realisierung bzw. der Einsatz des Vergütungsstahls in Kombination mit einen Stahl-Kunststoff-Verbundblech bedingt jedoch eine großserienfähige Fügetechnologie für den Karosseriebau. [49]

Auch in der Quelle [50] wird darauf hingewiesen, dass dem Einsatz von Mischbauweisen (Stahl mit Verbundwerkstoff) oftmals eine problematische Schweißbarkeit entgegensteht.

Wie bereits erwähnt, hat die vorliegende Arbeit das Ziel ein großserientaugliches, wirtschaftliches Verfahren zum Fügen von formgehärtetem Stahl mit Stahl-Kunststoff-Verbundblech zu entwickeln. Die fügetechnischen Besonderheiten bei der Verwendung dieser Werkstoffe im Karosseriebau werden in Kapitel 2.5 detailliert beschrieben. Im Folgenden werden die Anforderungen an die Fügeverbindungen im Karosseriebau näher erläutert.

## 2.4. Anforderungen an die Fügeverbindung

In der Fertigungstechnik wird der Begriff Fügen nach der DIN 8593-0 als das dauerhafte Verbinden von zwei oder mehreren Bauteilen bezeichnet. Dabei wird der Zusammenhalt örtlich, d.h. an den Fügestellen geschaffen und im Ganzen vermehrt. [51]

Nach der Quelle [52] ist die Fügbarkeit eine Eigenschaft von Bauteilen unter gegebenen stofflichen, konstruktiven und fertigungstechnischen Bedingungen so zu einer Verbindung gefügt werden zu können, dass die geforderten Gebrauchseigenschaften erfüllt werden. In Anlehnung an die in der Quelle [53] definierte Schweißbarkeit erfolgt eine Gliederung der Fügbarkeit entsprechend der Abbildung 17.

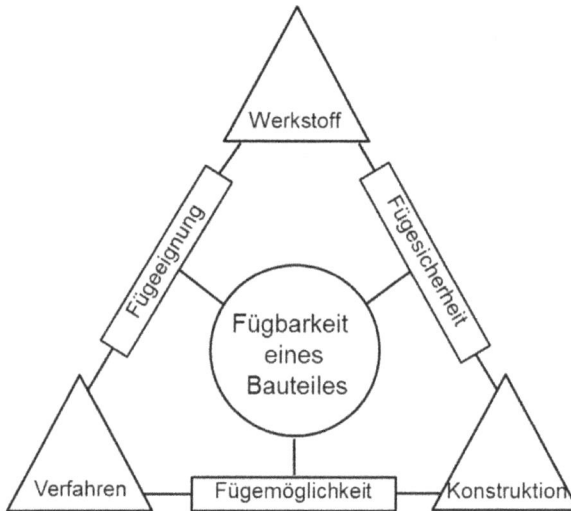

**Abbildung 17: Gliederung der Fügbarkeit [52]**

Die drei Bereiche Fügeeignung, Fügemöglichkeit und Fügesicherheit stehen in enger Wechselbeziehung zueinander. Die Fügeeignung hängt insbesondere von den Werkstoffeigenschaften und der Oberflächenbeschaffenheit der Bauteile ab. Die Fügemöglichkeit umfasst jene Fügeverfahren, durch die eine den Anforderungen genügende Fügeverbindung erzeugt werden kann. Durch die Fügesicherheit wird gewährleistet, dass z.B. eine Karosseriekonstruktion unter Betriebsbedingungen über den gesamten Produktlebenszyklus funktionsfähig bleibt. [52]

Im Folgenden werden die Kriterien beschrieben, welche durch die konstruktive Gestaltung bzw. durch die Fügestellen erfüllt werden müssen.

Besonders in der Großserienfertigung hat sich die Schalenbauweise aufgrund der hohen geforderten Stückzahlen als die klassische Bauart selbsttragender Karosserien durchgesetzt. Die Rohkarosserien bestehen aus einer Vielzahl von Großblechbauteilen, welche in den Fertigungsstraßen vollautomatisiert positioniert und gefügt werden. [54], [55], [56], [57], [58]

Dabei erfordern die verschiedenen Fügeverfahren bestimmte Zugänglichkeiten an den Fügestellen, damit der Fügeprozess mit dem entsprechendem Fügebetriebsmittel qualitätsgerecht ausgeführt werden kann. [43], [52]

Die im Produktlebenszyklus auftretenden Betriebskräfte werden durch die Wirkflächen der Fügeverbindung übertragen und damit die Gesamtstruktur des Automobils aufrecht gehalten. Bereits bei der Fahrzeugentwicklung wird durch die gezielte Beeinflussung von Bauteilsteifigkeiten und der Auslegung der Fügeverbindungen ein optimales Versagensverhalten der Karosserie im Crashfall erzielt. [59], [60]

Besonderes Potential kommt dabei dem in Kapitel 2.3 beschriebenen formgehärteten Stahl zu. Durch Auswahl entsprechender Materialdicken kann gewichtsoptimiert Einfluss auf die Bauteilsteifigkeiten genommen werden. Das Verfahren des partiellen Härtens ist eine weitere Möglichkeit das Versagensverhalten einer Karosserie im Crashfall durch Steigerung der Energieabsorption infolge einer höheren Verformbarkeit positiv zu beeinflussen. [44]

In Abhängigkeit der eingesetzten Fügetechnologie muss die Beeinflussung der Grundwerkstoffeigenschaften bei der Auslegung von Fahrzeugkarosserien beachtet werden, um eine Beeinträchtigung der Bauteilfunktionen zu vermeiden. [61]

Weiterhin müssen die Fahrzeuge den hohen Anforderungen hinsichtlich Korrosionsbeständigkeit genügen. Durch einen Wärmeeintrag werden die Stahlwerkstoffe beim Schweißen partiell über die werkstoffspezifische Schmelztemperatur erhitzt. Eine negative Beeinträchtigung der korrosionshemmenden Beschichtung soll möglichst vermieden werden. Unter anderem ist die Korrosionsbeständigkeit der Fügeverbindung im Vergleich zu den verwendeten Bauteilwerkstoffen auch ein Maß für deren Verbindungswertigkeit. [66], [67]

Letztlich müssen die Fügeverbindungen im heutigen Automobilbau je nach ihrer Lage bestimmte optische Anmutungsqualitäten erfüllen. Diese werden vom Hersteller subjektiv festgelegt. Es wird ein Kompromiss zwischen den optischen Anforderungen und vertretbarem Fertigungsaufwand gefunden. Das Design bzw. die Gestaltung von Fahrzeugen nimmt in der Öffentlichkeit an Bedeutung zu und entscheidet maßgeblich über die Verkaufszahlen. [68], [69], [70]

Bei der Betrachtung der Fügemöglichkeit, d.h. der Auswahl der Fügetechnologien müssen neben der werkstofflichen Fügeeignung und der konstruktiven Fügesicherheit auch ökonomische Gesichtspunkte beachtet werden. Vor dem Hintergrund der Ressourcenverknappung und $CO_2$-Problematik kommt dem Umweltschutz und dem Recycling eine stets wachsende Bedeutung zu. Daher ist der Einsatz von Fügetechnologien anzustreben, welche den geringsten Vorbereitungs- bzw. Nacharbeitsaufwand benötigen. [52]

Weiterhin besteht hinsichtlich einer wirtschaftlichen Großserienfertigung die Forderung eines weitestgehend hohen Mechanisierungs- und Automatisierungsgrades. [71]

## 2.5. Fügemöglichkeiten für Verbundblech mit formgehärtetem Stahl

Für die Realisierung des in Kapitel 1 beschriebenen Karosseriekonzeptes ist es erforderlich das steifigkeitsoptimierte Stahl-Kunststoff-Verbundblech mit formgehärtetem Stahl prozesssicher zu fügen. Die Fügeverbindungen müssen dabei vor dem Hintergrund der Großserienfertigung besonders den Forderungen nach Mechanisierbarkeit und Automatisierbarkeit bei gleichzeitig höchster Wirtschaftlichkeit entsprechen.

Abhängig vom eingesetzten Fügeverfahren wird den zu fügenden Werkstoffen eine Energie zugeführt. Die Wirkenergien für das Fügen sind z.B. die thermische Energie beim Schmelzschweißen, die mechanische Energie beim Durchsetzfügen (Clinchen) oder die chemische Energie beim Kleben. [52]

Resultierend aus dem Energieeintrag vollzieht sich eine Verbindungsausbildung zwischen zwei oder mehreren Bauteilen. Ziel ist es, eine Verbindungsfestigkeit auf dem Niveau der Grundwerkstofffestigkeit zu erreichen. Der Energieeintrag kann sich auch negativ auf die Fügeverbindung und/oder den Grundwerkstoff der zu fügenden Bauteile auswirken. Bei Schweißprozessen findet eine Änderung der Werkstoffeigenschaften in der Wärmeeinflusszone statt. [61]

Bei den formgehärteten Stählen bildet sich beispielsweise um einen Widerstandsschweißpunkt ein sogenannter Härtesack aus. Die Härte bzw. die Festigkeit liegt in diesem Bereich deutlich unter der Grundwerkstofffestigkeit. [45],[62],[63]

Infolge der lokalen Erwärmung und Abkühlung treten auch Verformungen und Eigenspannungen im Bereich der Fügestellen auf. Im Crashfall versagen Widerstandspunktschweißverbindungen je nach Bauteilgestaltung und Belastungsfall meist durch ein Ausreißen in der Wärmeeinflusszone. [64],[65]

Nach der Quelle [72] wird das Fertigungsverfahren Fügen entsprechend der Abbildung 18 in 8 Gruppen unterteilt.

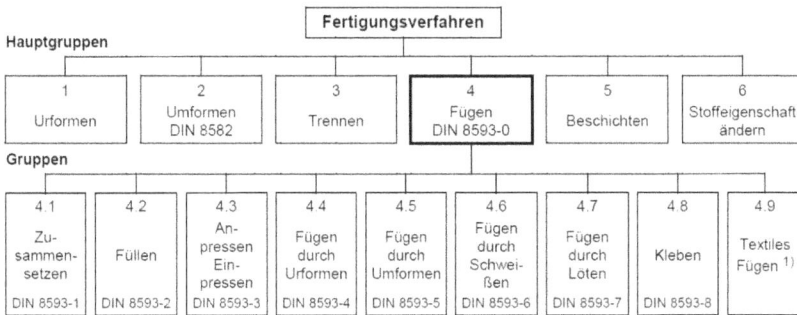

**Hauptgruppen**

| | | | | | |
|---|---|---|---|---|---|
| **Fertigungsverfahren** | | | | | |
| 1 Urformen | 2 Umformen DIN 8582 | 3 Trennen | 4 Fügen DIN 8593-0 | 5 Beschichten | 6 Stoffeigenschaft ändern |

**Gruppen**

| 4.1 | 4.2 | 4.3 | 4.4 | 4.5 | 4.6 | 4.7 | 4.8 | 4.9 |
|---|---|---|---|---|---|---|---|---|
| Zu-sammen-setzen | Füllen | An-pressen Ein-pressen | Fügen durch Urformen | Fügen durch Umformen | Fügen durch Schwei-ßen | Fügen durch Löten | Kleben | Textiles Fügen 1) |
| DIN 8593-1 | DIN 8593-2 | DIN 8593-3 | DIN 8593-4 | DIN 8593-5 | DIN 8593-6 | DIN 8593-7 | DIN 8593-8 | |

Abbildung 18: Einteilung der Fügeverfahren [72]

Im Folgenden werden Fügemöglichkeiten der einzelnen Gruppen vor dem Hintergrund eines hohen Mechanisierungs- und Automatisierungsgrades für eine Großserienfertigung diskutiert.

Das Fügen des steifigkeitsoptimierten Stahl-Kunststoff-Verbundblechs ist laut den Herstellerangaben durch An- und Einpressen möglich. Beim Blindnieten ist ein Vorlochen des formgehärteten Stahls notwendig. Dieser Nachteil besteht auch beim Fügen mit Fließloch formenden Schrauben ab einer Fügeteilfestigkeit von mehr als 600 MPa. Bei höheren Werkstofffestigkeiten kommt es zu einer thermischen Beschädigung der Korrosionsbeschichtung oder zum Versagen der Schraube im Fügeprozess. [32], [73]

Die Positionierung der Fügebetriebsmittel für den anschließenden Setzprozess ist bei verdeckten Fügestellen in der Großserie schwer umsetzbar.

Die beschriebenen Fügetechniken sind Fügemöglichkeiten für den Reparaturfall. Bei der Karosseriereparatur durch Blindnieten findet vorteilhaft keine thermische

Beanspruchung der Werkstoffe statt. Dadurch können Gefügeänderungen im Werkstoff, der Verzug der Bauteile und die Beschädigung des Korrosionsschutzes vermieden werden. [74]

Es dominieren derzeit umformende Fügeverfahren zur Verbindung von Verbundblech mit monolithischen Stählen. Die formgehärteten Stähle schließen jedoch aufgrund ihrer relativ geringen Umformbarkeit diese Fügemöglichkeiten aus. Umformende Fügeverfahren, wie z.B. das Halbhohlstanznieten und Durchsetzfügen werden bis zu einer Zugfestigkeit von 800 MPa industriell eingesetzt. [75], [76]

Eine Weiterentwicklung für formgehärtete Stähle stellt das Hochgeschwindigkeits-Bolzensetzen dar. Das nagelähnliche Element aus vergütetem Stahl wird mit hoher Geschwindigkeit durch die zu fügenden Bauteile getrieben. [77]

Das Verfahren ist beim Fügen von einem steifigkeitsoptimierten Stahl-Kunststoff-Verbundblech mit einem formgehärteten Stahl auf eine Fügerichtung begrenzt. Durch den Fügeprozess werden die Mitarbeiter in der Fertigung einer relativ hohen Lärmbelastung ausgesetzt. Durch die Überschreitung der zulässigen Grenzwerte der Lärm- und Vibrations-Arbeitsschutzverordnung müssen technische Zusatzmaßnahmen (wie z.B. schallgedämmten Kabinen) ergriffen werden. [79]

Das Stanznieten mit Vollniet ist unter Laborbedingungen umsetzbar. Der relativ hohe abrasive Verschleiß am Stanzwerkzeug aufgrund der spröden AlSi-Beschichtung führt jedoch zu erhöhten Werkzeugkosten. Durch die hohen Fügekräfte müssen relativ große Fügebetriebsmittel eingesetzt werden, welche die Konstruktionsfreiheit beeinträchtigen. [80]

Bei einer matrizenseitigen Lage des Verbundbleches ist eine sichere Verprägung des Hinterschnitts auch bei Verfahrensvarianten mit geteilter Matrize fraglich. In der Literatur wurden dazu bisher keine Untersuchungsergebnisse veröffentlicht.

Das in den Quellen [81] und [82] beschriebene Fügeverfahren basiert auf dem Durchsetzfügen (Clinchen). Mittels eines Laserstrahles wird die Fügestelle erwärmt und die mechanische Festigkeit des 22MnB5 verringert. Dadurch wird eine für den Clinchprozess notwendige Verformungsfähigkeit erzielt. Das Verfahren befindet sich im Entwicklungsstadium und wird derzeit noch nicht in der Großserie eingesetzt.

In der Quelle [83] werden die Verfahrensgrenzen des Halbhohlstanznietprozesses mittels partieller, induktiver Erwärmung erweitert.

Im Allgemeinen kann durch die Wirkung einer Wärmequelle die Verformbarkeit der Fügeteile erhöht werden. Dies ist für Fügeverfahren bei denen die Fügeteile nicht aufgeschmolzen werden bedeutsam. Beispielsweise kann beim Reib- und Kaltpressschweißen der Bindevorgang durch eine größere Verformbarkeit und geringere Festigkeit erleichtert werden. [84]

Klebverfahren werden zur Erhöhung der Karosseriesteifigkeit erfolgreich eingesetzt. Die Verbindungsfestigkeiten werden durch das Haftvermögen der AlSi-Beschichtung am Grundwerkstoff bestimmt. Der Klebstoff muss beim Auftragen als pumpfähiges Medium vorliegen. Nachteilig ist, dass dadurch die Klebeverbindung direkt nach dem Fügeprozess nicht die notwendige Handlingfestigkeit für die unmittelbare Fortsetzung des Fertigungsprozesses aufweist. [85] Der Einsatz von reaktiven Klebstoffen erfordert daher ein Fixierverfahren welches die Lagegenauigkeit der Karosseriebauteile bis zur Klebstoffaushärtung gewährleistet. Durch die Klebstoffaushärtung in einer späteren Fertigungsstufe können Klebverbindungen wirtschaftlich eingesetzt werden [86].

In der Quelle [87] wird ein Verfahren, basierend auf der magnetischen Pulsformtechnik, zum Fügen von Verbundblech mit monolithischem Stahl beschrieben. Da die zu fügenden Bauteile keine Erwärmung erfahren, kommt es vorteilhaft zu keiner Beeinträchtigung der Kunststoffkernschicht. Nachteilig ist, dass die Kraftübertragung im Produktlebenszyklus nur über ein Metalldeckblech erfolgt. Nach der Quelle [88] ist beim Magnetpulsschweißen eine relativ genaue Positionierung der Bauteile beim Fügen notwendig. Ein definierter Spalt zwischen den Bauteilen ist für die Beschleunigung eines Bauteils in Richtung des anderen Bauteils notwendig. Die Magnetpulsschweißtechnik ist prädestiniert zum Fügen artungleicher Werkstoffe.

Der definierte Abstand ist unter Produktionsbedingungen mit üblichen Bauteiltoleranzen schwer zu gewährleisten. Die relativ großen Fügebetriebsmittel schränken die Konstruktionsfreiheit ein.

In Anbetracht der Fügeeignung und der Forderung nach Fügesicherheit werden formgehärtete Stähle im heutigen Karosseriebau mit anderen Stählen hauptsächlich durch Schweißen gefügt. Im Vordergrund steht dabei neben dem Laserstrahlschweißen und dem Metallschutzgasschweißen das Widerstandspunktschweißen. [89],[90],[91]

Das Laserstrahlschweißen weist eine vergleichsweise hohe Schweißgeschwindigkeit und eine geringe Wärmeeinbringung auf. Nachteilig wirkt sich dagegen die

Notwendigkeit einer aufwändigen Spanntechnik zur Kompensation von Bauteiltoleranzen aus. [43]

Durch den Wärmeeintrag tritt unabhängig vom Schweißverfahren ein Festigkeitsabfall in der WEZ auf. In der Quelle [45] wird der Einfluss des „Härtesacks" auf die statischen Festigkeitswerte von Laserschweißverbindungen diskutiert. Die Untersuchungen werden an Überlappverbindungen mit I-Naht geführt. Es wird gezeigt, dass zwar der unvermeidbare Härte- und Festigkeitseinbruch in der WEZ auftritt, jedoch die geringeren Nahtquerschnitte (im Vergleich zum Grundwerkstoff) versagensbestimmend sind. Demzufolge ist eine Vergrößerung der Nahtquerschnitte anzustreben. Eine derartige Vergrößerung ist jedoch beim Laserstrahlschweißen ohne Zusatzwerkstoff nur eingeschränkt möglich.

Ferner wird ein Hinweis gegeben, dass bei der Verwendung bestimmter Parameterbereiche Mittenrippendefekte auftreten können. [45]

In heutigen Karosseriekonstruktionen wird der formgehärtete Stahl mit sich selbst und auch mit verzinkten Stahlgüten verschweißt. Beim Laserstrahlschweißen von verzinkten Stählen kann ohne definierte Spalteinstellung eine erhöhte Porenbildung auftreten. Die aufgeschmolzene und verdampfte Zinkbeschichtung entweicht nicht kontinuierlich aus dem Entgasungsspalt sondern entweicht explosionsartig aus dem Schmelzbad. Es kommt zu einer erhöhten Spritzer- und Porenbildung. [92], [93], [94]

Das Metallschutzgasschweißen besticht durch den Einsatz eines Zusatzwerkstoffs mit einer hohen Spaltüberbrückbarkeit und einem großen, festigkeitsrelevanten Verbindungsquerschnitt. Der hohe Wärmeeintrag führt jedoch zu einem erhöhten Verzug der Bauteile. Die Notwendigkeit von Schutzgas und Zusatzwerkstoff vermindert die Wirtschaftlichkeit des Verfahrens.

In der Quelle [95] wird das MIG-Löten von Bondal® mit Zinkbasisloten untersucht. Der Wärmeeintrag kann durch die niedrigschmelzenden Zusatzwerkstoffe verringert werden. Es erfolgt die Anbindung von nur einer Decklage. Die Verbindung muss im Bördelstoß erfolgen. Inwiefern bei dem Material Litecor® um die Fügestellen Delaminationen auftreten können, wird in der Literatur nicht beschrieben.

In der Quelle [96] wird ein Verfahren zum Fügen von Verbundblech durch Laserstrahllöten beschrieben. Durch die verringerte Leistungsintensität und der im Vergleich zum Laserstrahlschweißen niedrigeren Prozesstemperaturen kommt es zu keiner Schädigung des Polymerkerns im Verbundblech. In der Abbildung 19 ist eine

Pkw – Frontklappe aus monolithischem Stahl und Stahl-Kunststoff-Verbundblech dargestellt.

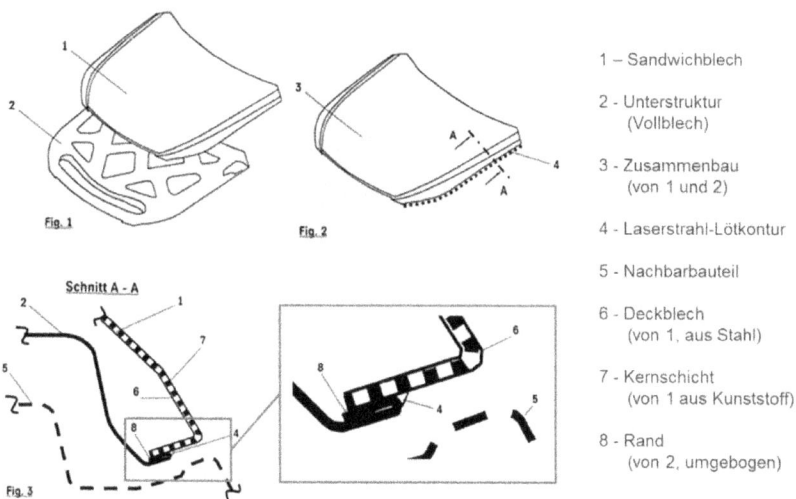

1 – Sandwichblech

2 - Unterstruktur
(Vollblech)

3 - Zusammenbau
(von 1 und 2)

4 - Laserstrahl-Lötkontur

5 - Nachbarbauteil

6 - Deckblech
(von 1, aus Stahl)

7 - Kernschicht
(von 1 aus Kunststoff)

8 - Rand
(von 2, umgebogen)

**Abbildung 19: Verfahren zum Laserstrahllöten von Verbundblech [96]**

Der Laserstrahl muss überwiegend auf den Falz (4) des monolithischen Stahlblechs gerichtet werden, um den Wärmeeintrag in das Verbundblech relativ gering zu halten (siehe Schnittansicht in Abbildung 19).

Eine den Anforderungen genügende Schweißverbindung setzt jedoch eine relativ hohe Geometrietreue und genaue Positionierung der Bauteile im Rohbau voraus. Thermisch bedingter Bauteilverzug muss mittels aufwändiger Spanntechnik kompensiert werden. In Abbildung 20 sind Laserlötnähte an im Karosseriebau üblichen Überlappstößen dargestellt.

Durchbrand des
Leichtblech-Deckblechs
am Nahtende

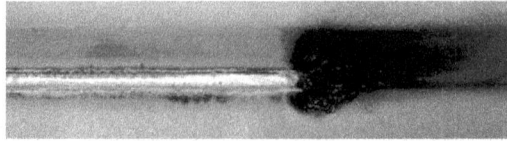

Durchbrand des
Leichtblech-Deckblechs
mitten in der Lötnaht

1cm

**Abbildung 20: Laserlötverbindung von Verbundblech mit verzinkten Stahl [97]**

An den Laserlötnähten kommt es sporadisch zum Durchbrand des Deckblechs und zu starker Schmauchbildung. Es wird deutlich, dass unter Rohbaubedingungen eine thermische Beschädigung des Verbundblechs durch Prozessinstabilitäten eintreten kann. [97]

Das Widerstandspunktschweißen ist aufgrund der hohen Automatisierbarkeit und Wirtschaftlichkeit das am häufigsten verwendete Schweißverfahren zum Fügen von Dünnblechen aus Stahl im Karosseriebau. Die Elektrodenkräfte ermöglichen die Überbrückung von eventuellen Bauteiltoleranzen. Das Fügen von formgehärtetem Stahl mit sich selbst oder mit anderen Stahlgüten in Zwei- und Dreiblechverbindungen ist unter Großserienbedingungen prozesssicher möglich. [98]

Das Widerstandspunktschweißen von schwingungsdämpfenden Stahl-Kunststoff-Verbundblechen mit vergleichsweise geringer Polymerschichtdicke ist unter gewissen Voraussetzungen möglich. Die elektrisch isolierende Wirkung der Kunststoffkernschicht im Verbundblech verhindert den zur Wärmeentwicklung notwendigen Stromfluss und führt zu Prozessstörungen. Daher erfordert der hohe Widerstand der Polymerkernlage beim ersten Schweißpunkt eine Strombrücke, welche einen elektrischen Kontakt zwischen den Deckblechen herstellt. Infolge des indirekten Stromflusses und der Stromkonzentration an der Schweißelektrode kommt es zu einer Erwärmung der Fügestelle. Der Kunststoff wird plastifiziert und die Metalldeckbleche kommen durch die Elektrodenkraft in elektrischen Kontakt. Der Schweißstrom fließt ab diesem Zeitpunkt nahezu vollständig direkt durch die Fügestelle. Infolge der Widerstandserwärmung werden die Deckbleche verschweißt. Für weitere Schweißpunkte können die vorherigen Schweißpunkte als Nebenschlussstellen fungieren. [16],[99],[100]

In der Quelle [101] wird ein Verfahren zum Verschweißen von zwei Verbundblechen ohne zusätzliche Strombrücke beschrieben. Dazu werden entsprechend der Abbildung 21 zwei gegenüberliegende Elektrodenpaare nebeneinander angeordnet.

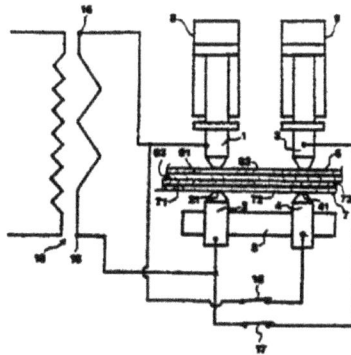

**Abbildung 21: Vorrichtung zum Widerstandsschweißen von zwei Verbundblechen [101]**

Durch die Schaltung der Stromkreise fungiert jeweils eine Schweißelektrode eines Elektrodenpaares als Kontaktelektrode für das andere Elektrodenpaar und umgekehrt. In der ersten Phase erfolgt die Erwärmung der Fügestelle bzw. der Bauteilabschnitte durch einen indirekten Stromfluss. Danach werden in der zweiten Phase die beiden Verbundbleche durch einen direkten Schweißstrom widerstandspunktgeschweißt.

Zu einer Anwendbarkeit des Verfahrens zum Fügen von Verbundblech mit monolithischem Stahl werden keine Angaben gemacht.

Die Möglichkeit eine Kunststoffkernschicht über einen Nebenschlussstrom zu erwärmen und zu verdrängen ist abhängig von der Deckblechdicke und der Beschaffenheit der Polymerkernschicht. Das beschriebene Fügeprinzip kann bei dem steifigkeitsoptimierten Stahl-Kunststoff-Verbundblech (z.B. Litecor®) aufgrund anderer Schichtdickenverhältnisse in dessen Aufbau nicht angewendet werden. [127] Das Aufschmelzen und Verdrängen der Zwischenschicht über Nebenschluss ist aufgrund der relativ dünnen außen liegenden Stahldeckbleche und der relativ dicken Polymerkernschicht nicht möglich. Aufgrund der relativ hohen Erweichungstemperatur (ca. 250 °C) und der relativ hohen Dicke von 0,5 mm des Polyethylen-Polyamid-Compounds muss eine relativ starke und lange Wärmeeinwirkung in der Fügezone realisiert werden. Die Schweißstromstärke und

Schweißzeit wird in der Phase des indirekt fließenden Stromes durch den relativ dünnen Querschnitt der Deckbleche begrenzt. Der Durchbrand der Deckbleche des Verbundblechs um die Schweißelektrode wäre die Folge. Eine weitere Gefahr besteht durch eine Schädigung bzw. Delamination der Bauteile infolge der großflächigen Erwärmung entlang der Strompfade in der Phase des indirekten Stromflusses. [127]

In der Quelle [102] wird ein Verfahren zur Steigerung der elektrischen Leitfähigkeit senkrecht durch ein Stahl-Kunststoff-Stahl-Verbundblech beschrieben. Mittels in die Kunststoffzwischenschicht implementierten Nickel-Partikeln kann der effektive elektrische Widerstand verringert werden. Ein Verbundblech mit Stahldeckblechen einer Dicke größer ca. 0,4 mm und einer Polymerzwischenschicht von ca. 0,05 mm kann durch das Widerstandspunktschweißen gefügt werden. (vgl. Bondal® oder QuietSteel® der Firma MSC)

Für ein Verbundblech mit vergleichsweise dünnen Metalldeckblechen (< ca. 0,4 mm) und einer vergleichsweise dicken Kernschicht (vgl. Litecor®) kann der über die Nickelpartikel hervorgerufene Spannungsabfall zu Kurzschlüssen neben der Fügestelle führen. Im Rahmen von Voruntersuchungen kam es zum Durchbrand der Deckbleche. Die Beschädigungen sind in der Abbildung 22 dargestellt.

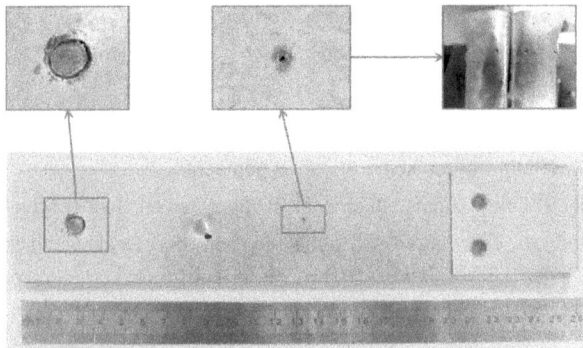

**Abbildung 22: Durchbrand / Beschädigung Verbundblech**

Diese Beschädigung des Grundwerkstoffs bzw. der Bauteile ist für eine Fahrzeugfertigung inakzeptabel.

Laut der Quelle [103] werden Bauteile partiell ohne isolierende Zwischenschicht hergestellt. An diesen Stellen ist das Widerstandspunktschweißen möglich. Für die Großserie werden die Verbundbleche auf beheizten Walzstraßen hergestellt und in

Bandform weiter verarbeitet. Die Eigenschaften sind über die Fläche betrachtet homogen. Die in der Quelle [103] beschriebenen Bauteile erfordern daher einen aufwändigeren und kostenintensiveren Herstellungsprozess.

In der Quelle [104] wird beschrieben, dass an den Stirnflächen des Verbundblechs Blechstreifen aus homogenem Material stumpf angeschweißt werden müssen. Ein Verbindungsschweißen mit anderen Blechteilen ist nur im Bereich der zusätzlichen Streifen möglich.

Die Anbindung von Adapterblechen gestaltet sich bei komplexen Bauteilgeometrien ebenfalls schwierig und ist mit erhöhten Kosten verbunden.

Die Quelle [105] beschreibt ein Verfahren zur Herstellung eines Stahl-Kunststoff-Verbundblechs. Prozessbedingt werden elektrisch leitfähige Distanzkörper in die Kunststoffschicht eingebracht und anschließend mit den Deckblechen durch einen Widerstandsschweißprozess gefügt. Die Abbildung 23 stellt den Herstellungsprozess schematisch dar.

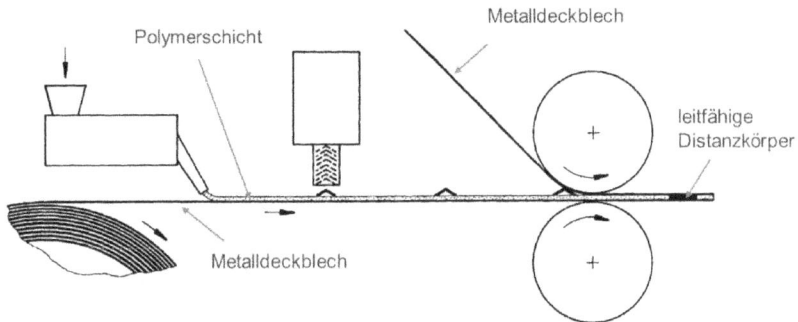

**Abbildung 23: Schematische Darstellung Herstellungsprozess Verbundwerkstoff[105]**

An den Positionen der Distanzkörper kann das Verbundblech mit einem anderen Stahlblech durch einen Widerstandspunktschweißprozess gefügt werden. Bedingung dafür ist jedoch eine Positionierung der Distanzkörper bereits bei der Blechherstellung. Die bauteilspezifische und vom Zuschnitts- sowie Tiefziehprozess abhängige Lage der Fügestellen kann bei der Herstellung von Blech in Bandform nicht realisiert werden.

Eine weitere Möglichkeit Verbundbleche mit isolierender Kunststoffzwischenschicht zu fügen wird in der Quelle [106] beschrieben. Durch ein keilförmiges Werkzeug wird das Verbundblech derart gelocht, dass sich ein metallischer Grat bildet. Dieser dient als elektrischer Leiter, um das Verbundblech durch einen Widerstandsschweißprozess mit einem Rohrprofil zu fügen.

Prinzipiell ist es denkbar das Verbundblech mittels Zusatzelementen zu fügen. Entsprechend der Quelle [107] können diese Fügeelemente anstatt in Aluminium in das Verbundblechbauteil eingeprägt werden. Diese werden anschließend durch einen Widerstandspunktschweißprozess mit dem Fügepartner verschweißt. Die mittelbare Verbindung wird durch den Kraft- und Formschluss des Elements mit dem Verbundblech realisiert. Es ist kein Vorlochen des Verbundblechbauteils notwendig. Die Notwendigkeit von Fügeelementen verschlechtert jedoch die Wirtschaftlichkeit des Fügeverfahrens.

In der Quelle [108] wird ein Verfahren zum Rührreibschweißen beschrieben. Dabei werden zwei Verbundblechbauteile mittels eines rotierenden Werkzeugs gefügt. Die Fügezone wird durch die Reibungswärme plastifiziert. Das Rührreibschweißen wird derzeit beispielsweise beim Fügen von Aluminiumwerkstoffen eingesetzt.

In den Quellen [109] und [110] werden entsprechend der Abbildung 24 zwei Rollnahtelektroden gegenüberliegend am Bauteilrand angeordnet.

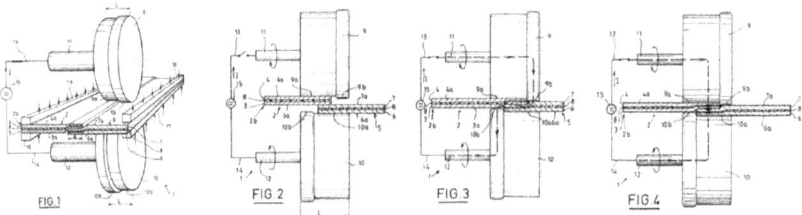

**Abbildung 24: Rollnahtschweißen von zwei Verbundblechen [109]**

Es werden zwei Verbundbleche am Rand widerstandsrollnahtgeschweißt. Der elektrische Kontakt bzw. der Stromfluss wird über elektrisch leitende Rollen realisiert. In der vorliegenden Ausführungsform weisen die Deckbleche eine Dicke von 0,35 mm und die Polymerschicht eine Dicke von 0,05 mm auf.

Zu einer Anwendbarkeit des Verfahrens zum Fügen des Verbundblechs Litecor® mit monolithischem Stahl werden keine Angaben gemacht. Die Verbundbleche können nur am Bauteilrand gefügt werden, wodurch es zu einer Einschränkung der Konstruktionsfreiheit kommt.

In der Quelle [111] wird ein Verfahren zum Widerstandsschweißen von zwei Verbundblechen beschrieben, deren Schichtaufbau dem steifigkeitsoptimierten Litecor® entspricht. Die elektrisch isolierende Polymerkernschicht wird durch temperierte Schweißelektroden plastifiziert und verdrängt. Durch einen Stromfluss durch die Fügezone werden infolge der Widerstandserwärmung die Deckbleche der beiden Verbundbleche verschweißt. Die Verdrängung der Polymerschicht und das Verschweißen erfolgt entsprechend der Abbildung 25 in einem Arbeitsschritt mit zwei temperierten Schweißelektroden.

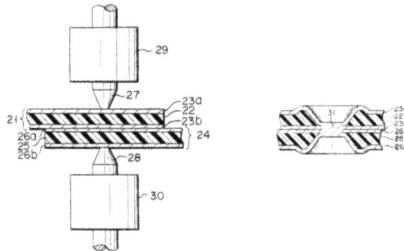

**Abbildung 25: Erwärmen und Verschweißen von zwei Verbundblechen**

Eine prozesssichere Umsetzung dieses Verfahrens in einen Serienprozess ist nach eigener Auffassung nicht wirtschaftlich umsetzbar.

Nach der Quelle [112] sind beim konventionellen Punktschweißen wassergekühlte Elektroden einzusetzen. Je mehr die Schweißelektroden gekühlt werden, desto höher ist bei gleicher Schweißaufgabe die erzielbare Standmenge der Elektroden.

In der Quelle [113] wird ein Verfahren beschrieben, bei dem die Verbundblechplatine in ein Formwerkzeug eingelegt wird. Durch das bereichsweise erwärmte Formwerkzeug wird der Kunststoff erweicht. Durch eine örtliche Kraftbeaufschlagung tritt der Kunststoff aus dem mit einer Kraft beaufschlagten Bereich aus. Anschließend werden die Deckbleche miteinander gefügt.

Der Nachteil des Verfahrens ist die schwierige technische Umsetzung des aufwändigen Presswerkzeugs. Zum einen müssen die Fügestellen auf eine gewisse Temperatur zur Verdrängung des Kunststoffes erwärmt werden. Zum anderen dürfen die umliegenden Bauteilbereiche keine unzulässig hohe Temperatur erfahren, um Bauteilbeschädigungen wie z.B. Delaminationen zu vermeiden. Bei bereits einer zusätzlichen Fügestelle oder einer Lageveränderung z.B. im Fahrzeuganlauf bedarf es ebenfalls einer aufwändigen Um- oder Neukonstruktion des Formwerkzeuges. Bei großflächigen Bauteilen mit einer höheren Anzahl an Fügestellen müssen entsprechend viele parallele Schweißstromkreise implementiert und elektrisch versorgt werden.

# 3. Ableitung der Aufgabenstellung

Im Stand der Technik wird das Potential des Stahl-Kunststoff-Verbundblechs und des höchstfesten, formgehärteten Stahls hinsichtlich eines wirtschaftlichen Karosserieleichtbaues dargestellt. Durch die hohe Festigkeit ist der Formhärtungsstahl für crashrelevante Karosseriebauteile prädestiniert. Das dreischichtige Stahl-Kunststoff-Verbundblech besitzt ein im Verhältnis zu seinem Gewicht hohes Flächenträgheitsmoment der Querschnittsfläche und damit eine hohe Biegesteifigkeit. Es zeichnet sich durch hohe Schwingungs- und Körperschalldämpfungseigenschaften aus.

Um die Werkstoffe unter Großserienbedingungen z.B. in den Bodenstrukturen entsprechend der Abbildung 26 zu integrieren, bedarf es einer Fügetechnologie, welche die in Kapitel 2.4 beschriebenen Anforderungen erfüllt.

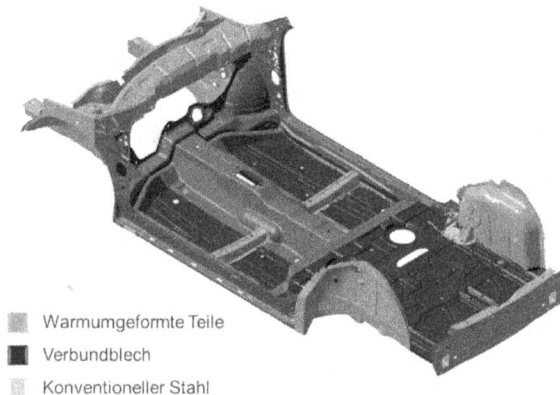

Warmumgeformte Teile
Verbundblech
Konventioneller Stahl

**Abbildung 26: Unterbau Tiguan**

Die in Kapitel 2.5 dargestellten Verfahren eignen sich nur bedingt zum Fügen von Stahl-Kunststoff-Verbundblech. Ein prozesssicheres und wirtschaftliches Verfahren welches den Ansprüchen eines modernen und flexiblen Karosseriebaus entspricht, ist nach heutigem Stand nicht entwickelt.

Durch die hohe Festigkeit des formgehärteten Stahls kommt es bei mechanischen Fügeverfahren zu erhöhtem Werkzeugverschleiß. Die hohen Fügekräfte bedingen steifer ausgelegte Fügebetriebsmittel, welche die Konstruktionsfreiheit einschränken.

Klebeverfahren können nur in Verbindung mit Fixierverfahren eingesetzt werden, welche eine gewisse Handlingfestigkeit erzielen, um die Bauteilpositionierung in den folgenden Fertigungsprozessen zu gewährleisten.

Bei Strahl- und Lichtbogenschweißverfahren wird infolge des hohen Wärmeeintrags die Kunststoffzwischenschicht thermisch zerstört und die Stahlschmelze durch explosionsartiges Verdampfen des Kunststoffes aus dem Schweißbad geschleudert. Eine den Anforderungen genügende Fügeverbindung ist mit industriell vertretbarem Aufwand nicht zu erzielen.

Das dominierende Fügeverfahren im heutigen Karosseriebau ist das Widerstandspunktschweißen. Es besticht durch eine sehr gute Mechanisierbarkeit und Automatisierbarkeit bei gleichzeitig hoher Wirtschaftlichkeit. Das Widerstandspunktschweißen von formgehärteten Stählen ist in der Großserie umgesetzt. Die steifigkeitsoptimierten Stahl-Kunststoff-Verbundbleche mit innen liegender, elektrisch isolierender Kunststoffschicht gelten für das Widerstandsschweißen als nicht schweißgeeignet. Das Aufschmelzen und Verdrängen der Zwischenschicht über Nebenschluss ist aufgrund der dünnen außen liegenden Stahldeckbleche nicht möglich. Der Durchbrand des Verbundblechs um die Schweißelektrode wäre die Folge.

Aufgrund der großen Bedeutung des Widerstandspunktschweißens für den modernen Karosseriebau ist es zielführend, einen neuen Fügeprozess basierend auf der Widerstandschweißtechnik zu konzipieren. In Anbetracht wirtschaftlicher Interessen soll auf den Einsatz von Fügeelementen verzichtet werden.

Der im folgenden Kapitel detailliert beschriebene zweistufige Fügeprozess stellt den Kern der Arbeit dar. Es wird die zur Realisierung der Fügeverbindungen notwendige Anlagentechnik entwickelt. Nach erfolgreicher Funktionsprüfung wird die Prototypenanlage für die Versuchsdurchführung genutzt.

Zur Bewertung der Verbindungsbildung wird ein Verfahren zur Prozessvisualisierung modifiziert. Dadurch sollen Erkenntnisse über die Wärmeentwicklung in der Fügezone und den Schweißelektroden während des Fügeprozesses gewonnen werden.

Die Verbindungseigenschaften werden hinsichtlich der Verbindungsfestigkeit und der Korrosionsbeständigkeit diskutiert. Durch die gewonnenen Erkenntnisse werden Konstruktionshinweise abgeleitet. Die praktische Umsetzbarkeit soll an einer Bodenstruktur aus Stahl-Kunststoff-Verbundblech und formgehärtetem Stahl bewiesen werden.

# 4. Wirkmechanismus zweistufiger Fügeprozess

Beim Widerstandspunktschweißen werden die zu fügenden Bauteile mittels einer Elektrodenkraft fixiert. Durch einen direkten Stromfluss wird die zur Verbindungsbildung notwendige Erwärmung infolge der elektrischen Materialwiderstände erzeugt. Das in dieser Arbeit betrachtete Stahl-Kunststoff-Verbundblech Litecor® besteht aus zwei ca. 0,25 mm dicken Metalldeckblechen und einem dazwischen liegenden 0,5 mm dicken Polyamid 6 / Polyethylen - Polymercompound. Aufgrund der elektrisch isolierenden Kunststoffzwischenschicht ist das Verbundblech nicht für das Widerstandspunktschweißen geeignet.

Durch die relativ hohe Festigkeit der Polymerschicht ist keine vollständige Verdrängung mit üblichen Elektrodenkräften möglich.

Bei dem vorliegenden teilkristallinen Thermoplasten ist die Zugfestigkeit und die Bruchdehnung temperaturabhängig. Die qualitativen Verläufe sind in der Abbildung 27 dargestellt.

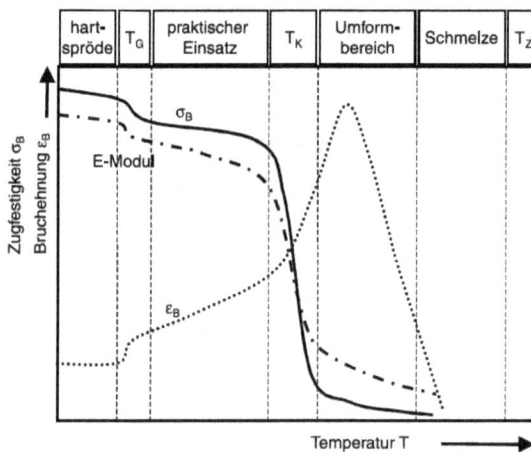

Abbildung 27: Mechanische Eigenschaften teilkristalliner Kunststoffe [115]

Teilkristalline Kunststoffe werden in der Praxis zwischen der Glasübergangstemperatur $T_G$ und dem Kristallitschmelzbereich $T_K$ eingesetzt. Ab dem Kristallitschmelzbereich nimmt die Zugfestigkeit $\sigma_B$ und der E-Modul mit steigender Temperatur stark ab und die Dehnung $\varepsilon_B$ zu. In diesem Bereich kann der Thermoplast leicht umgeformt werden. Bei weiterer Temperaturerhöhung wird der Werkstoff plastifiziert bzw. geschmolzen und kann urgeformt werden [115].

Die Viskosität des Kunststoffs ist neben der Temperatur auch abhängig von dem vorherrschenden Druck. Der qualitative Verlauf ist in Anlehnung an die Quelle [119] in der Abbildung 28 dargestellt.

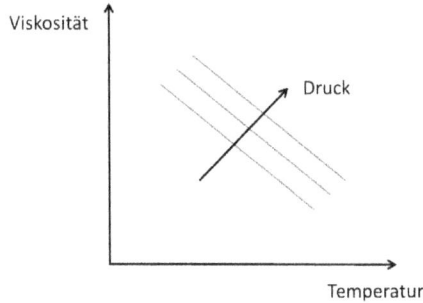

Abbildung 28: Abhängigkeit der Viskosität von Druck und Temperatur[119]

Mit zunehmender Temperatur sinkt die Viskosität. Durch eine Druckerhöhung wird der Thermoplast viskoser. Die Verarbeitungstemperatur für das Urformen von Polyamid 6 liegt zwischen 240 und 280 °C [119]. In diesem Temperaturbereich ist die geringste Viskosität zu verzeichnen. Eine thermische Zersetzung setzt erst bei höheren Temperaturen ein.

Die Möglichkeit durch eine Temperaturerhöhung infolge einer Wärmezufuhr die Festigkeit des Thermoplasten zu verringern bzw. den Thermoplasten zu schmelzen, wird bei dem zweistufigen Fügekonzept genutzt. Durch einen Wärmeeintrag in das Verbundblech wird der Kunststoff plastifiziert bzw. geschmolzen. Werden die Metalldeckbleche parallel zur Erwärmung weiterhin örtlich von außen mit Druck bzw. einer Presskraft entsprechend der Abbildung 29 beaufschlagt, so wird der schmelzflüssige Kunststoff radial aus dem erwärmten Bereich verdrängt.

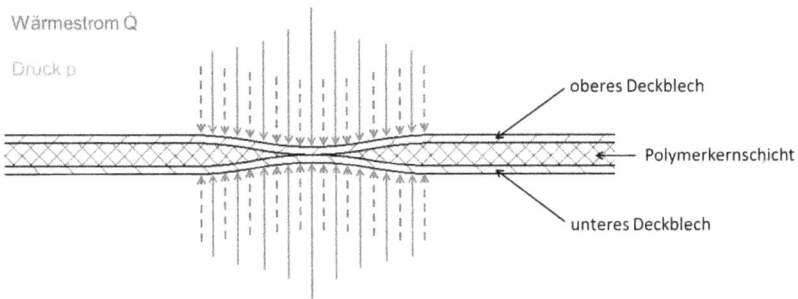

Abbildung 29: Einwirken von Wärme und Druck auf das Verbundblech

Der Abstand zwischen den Deckblechen verringert sich stetig bis sich diese in Kontakt miteinander befinden.

Der Wärmeeintrag und die Druckbeaufschlagung können in einem Prozessschritt erfolgen. Mittels temperierten Pressstempeln kann dem Verbundblech eine Wärmeenergie zugeführt werden. Gleichzeitig wird abhängig von der Presskraft und der Stempelgeometrie eine Flächenpressung zwischen den Deckblechen und der Kunststoffschicht erzeugt. Die Steifigkeit der dünnen Metalldeckbleche ist aufgrund der relativ geringen Verformung und breiten Erweichungszone vernachlässigbar.

Der Wärmestrom von den Pressstempeln in das Verbundblech ist schematisch in Abbildung 30 durch entsprechende Pfeile dargestellt.

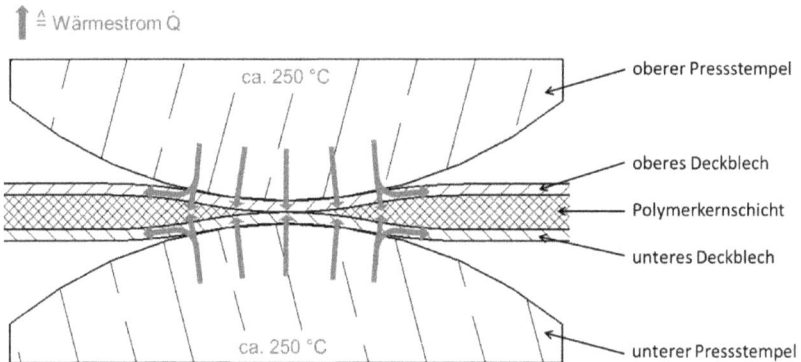

**Abbildung 30: Wärmestrom von Pressstempel in Verbundblech**

Die Wärmeenergie wird durch eine Wärmeleitung von den Presswerkzeugen in die Deckbleche eingeleitet. Die Wärme wird entsprechend der werkstoffspezifischen Wärmeleitfähigkeiten, Wärmekapazitäten und Wärmeübergangskoeffizienten entlang der Deckbleche sowie in die Kunststoffschicht geleitet. Weiterhin wird abhängig von der vorherrschenden Temperatur der Pressstempel und der Deckbleche ein Wärmestrom an die Umwelt abgegeben. Auch die spezifische Schmelzwärme des Polymers wirkt sich auf die Temperaturverteilung aus. Zur Beurteilung der realen Temperaturverteilung werden in Kapitel 9.1.2. Thermografiemessergebnisse dargestellt.

Die höchste Temperatur in der Kunststoffschicht tritt in der Kontaktzone zu den Metalldeckblechen auf. Die Schicht wird von dort beginnend zur Schichtmitte hin plastifiziert bzw. geschmolzen. Abhängig von der Flächenpressung kommt es durch die temperaturbedingte Verringerung der Fließspannung bzw. der Viskosität zum

Materialtransport radial aus der Fügezone. Dadurch kann es zu einer Aufwölbung der Stahldeckbleche um die Fügestelle bzw. zum Austritt des Polymers am Bauteilrand kommen.

Eine vollständige Verdrängung des verflüssigten Thermoplasts wird durch den sich bildenden engen Spalt zwischen den Deckblechen verzögert. Die rheologischen Eigenschaften des verflüssigten Thermoplasts führen dazu, dass er unter der vorherrschenden Flächenpressung verfestigt und sich die Verdrängung entsprechend verlangsamen kann. In Kapitel 9.1.3. wird der Flächenanteil des Kunststoffs im Kontaktbereich der Deckbleche ermittelt.

Im Folgenden wird durch die Aufstellung einer Wärmebilanz der theoretische Nachweis erbracht, dass es physikalisch möglich ist, das Verbundblech mittels temperierten Pressstempeln auf die Verarbeitungstemperatur von ca. 250 °C zu erwärmen. Als Stempelwerkstoff wird die gängige Kupferlegierung CuCr1Zr betrachtet. Durch das Modell soll die notwendige Ausgangstemperatur der Pressstempel berechnet werden. Die entsprechenden Dimensionen des Modells sind in der Abbildung 31 dargestellt.

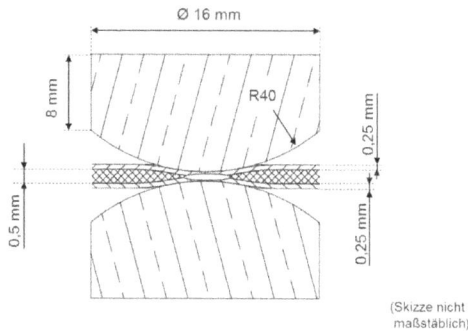

**Abbildung 31: Geometrisches Modell zur Aufstellung der Wärmebilanz**

Die Stempel weisen einen Durchmesser von 16 mm und eine Balligkeit im Kontaktbereich von 40 mm auf. Für das Rechenmodell wird eine Stempellänge von 8 mm betrachtet. Das Verbundblech besteht aus einer 0,5 mm dicken Kunststoffkernschicht und zwei 0,25 mm dicken Stahldeckblechen. Betrachtet wird ausschließlich die Wärmeübertragung durch Wärmeleitung von den Pressstempeln in das Verbundblech bis sich das System im thermischen Gleichgewicht befindet. Das Verbundblech wird in einem kreisförmigen Bereich von 16 mm Durchmesser auf 250°C erwärmt. Dabei wird der Kunststoff vollständig geschmolzen. Wärmeverluste an den umliegenden Bauteilbereich und an die Umwelt werden vernachlässigt. Da in der Literatur keine Angaben zur genauen Spezifikation des verwendeten Polymers hinterlegt sind, wird in Anlehnung an die Quelle [116] für Polyamid 6 eine spezifische Wärmekapazität von ca. 2100 J/kg*K angenommen. Dieser Wert entspricht in etwa dem Mittelwert der temperaturabhängigen spezifischen Wärmekapazität im Intervall von 20 bis 250 °C. Laut der Quelle [117] beträgt die Schmelzwärme der Polymerkernschicht 35.000 J/kg. Der Werkstoff CuCr1Zr weist entsprechend der Quelle [124] bei 250 °C eine spezifische Wärmekapazität von ca. 480 J/kg*K auf. Die Dichte von CuCr1Zr beträgt ca. 8910 kg/m$^3$.

Die Gleichung 14 stellt die Wärmebilanz für die Erwärmung eines Verbundblechbereiches durch zwei temperierte Pressstempel dar.

Gl. 14

$$Q_{zu\_SSKV} = 2 * Q_{ab\_CuCr1Zr}$$

$$V_{KSt} * \rho_{KSt} * c_{KSt} * (T_2 - T_R) + V_{KSt} * \rho_{KSt} * q_{KSt} + 2 * V_{St} * \rho_{St} * c_{St} * (T_2 - T_R)$$
$$= 2 * V_{CuCr1Zr} * \rho_{CuCr1Zr} * c_{CuCr1Zr} * (T_1 - T_2)$$

$$T_1 = \frac{V_{KSt} * \rho_{KSt} * c_{KSt} * (T_2 - T_R) + V_{KSt} * \rho_{KSt} * q_{KSt} + 2 * V_{St} * \rho_{St} * c_{St} * (T_2 - T_R)}{2 * V_{CuCr1Zr} * \rho_{CuCr1Zr} * c_{CuCr1Zr}} + T_2$$

mit:

| Formelzeichen | Wert | Formelzeichen | Wert |
|:---:|:---:|:---:|:---:|
| $V_{KSt}$ | 1,005309 * 10$^{-7}$ m$^3$ | $c_{KSt}$ | 2100 J / (kg * K) |
| $V_{St}$ | 5,026548 * 10$^{-8}$ m$^3$ | $q_{KSt}$ | 35000 J / kg |
| $V_{CuCr1Zr}$ | 1,690017 * 10$^{-6}$ m$^3$ | $c_{St}$ | 490 J / (kg * K) |
| $\rho_{KSt}$ | 1030 kg / m$^3$ | $c_{CuCr1Zr}$ | 480 J / (kg * K) |
| $\rho_{St}$ | 7860 kg / m$^3$ | $T_2$ | 523,15 K |
| $\rho_{CuCr1Zr}$ | 8910 kg / m$^3$ | $T_R$ | 293,15 K |

ergibt sich:                   $T_1 = 253,7 \, °C$

Die Pressstempel benötigen eine theoretische Ausgangstemperatur von ca. 254 °C damit sich ein thermisches Gleichgewicht von 250 °C über das Verbundblech und der Pressstempel einstellt. Durch das vereinfachte Modell wird bewiesen, dass keine für die betrachtete Kupferlegierung unzulässig hohe Prozesstemperatur bzw.

Materialerweichungen entstehen. Nach der Quelle [118] beträgt die Erweichungstemperatur von CuCr1Zr ca. 500 °C. Durch die vereinfachte Betrachtung muss keine zeitliche und örtliche Auflösung des Wärmetransports erfolgen.

Der reale Verdrängungsprozess ist jedoch maßgeblich von der wirkenden Flächenpressung, dem Wärmestrom von den Stempeln in die Kunststoffschicht und dem temperaturabhängigen Fließverhalten des Kunststoffes abhängig. Die Auswirkungen von verschiedenen Einflussfaktoren werden in Kapitel 9.1.1. experimentell ermittelt.

Es ist denkbar die temperierten Pressstempel in Form von konventionellen Widerstandspunktschweißelektroden auszuführen, wodurch ein elektrisches Potential zwischen den Deckblechen realisiert werden kann. Im Verdrängungsprozess kann so durch den einsetzenden Stromfluss bei einer definierten Durchschlagsspannung der elektrische Kontakt der Deckbleche detektiert werden. Alternativ kann beim Vorhandensein von Nebenschlussbrücken (Bauteilkante oder andere Fügestelle) der Einbruch im Widerstandsverlauf als Kriterium für die Kontaktierung herangezogen werden. Sobald der elektrische Kontakt der Deckbleche in der Fügezone realisiert ist, werden die Metalldeckbleche durch einen elektrischen Strom infolge einer Widerstanserwärmung erhitzt. Abhängig von der Stromstärke und Stromzeit erreichen die Deckbleche eine im Vergleich zu den Pressstempeln höhere Temperatur. Dadurch kann eine Pressschweißung der Deckbleche und eine thermische Zerstörung der Kunststoffschicht in unmittelbarer Nähe zur Verdrängungsstelle erzielt werden. Ein Zurückfließen der Polymerschmelze nach dem Abheben der Pressstempel wird vermieden. Der elektrische Kontakt der Deckbleche wird dauerhaft gewährleistet. Weiterhin ist es möglich den Pressstempeln nahezu exakt die zum Verdrängen der Kunststoffschicht notwendige Wärmemenge anschließend wieder zuzuführen.

Das Fügen des Verbundblechs mit monolithischem Stahl oder mit sich selbst erfolgt durch einen zeitlich der Kunststoffverdrängung nachgelagerten Widerstandsschweißprozess. Die Vorkonditionierung erfolgt entsprechend des dargestellten Wirkprinzips mittels temperierter Widerstandspunktschweißelektroden.

Das Verfahren zur Herstellung einer stoffschlüssigen Verbindung zwischen einem Verbundblech und einem höchstfesten Stahl ist durch die Quelle [120] geschützt. Der zweistufige Verfahrensablauf ist in der Abbildung 32 schematisch dargestellt.

**1. Verdrängung des Polymerkerns**        **2. Verschweißen der Fügepartner**

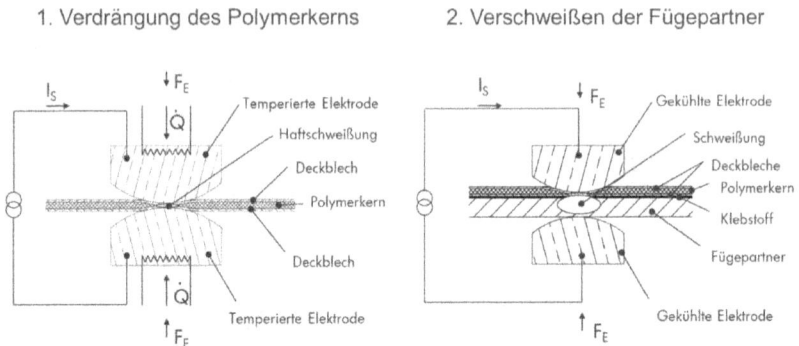

**Abbildung 32: Schematische Darstellung des Verfahrensablaufs [120]**

Der erste Prozessschritt dient der Fügestellenvorbereitung am Verbundblechbauteil. Durch temperierte Schweißelektroden wird im ersten Prozessschritt die Kunststoffschicht im Verbundblech örtlich plastifiziert bzw. geschmolzen und durch die Elektrodenkraft verdrängt. Die zwei außen liegenden Metalldeckbleche kommen durch die Elektrodenkraft in elektrischen Kontakt. Durch einen Stromfluss werden die Deckbleche infolge der Widerstandserwärmung miteinander gefügt. Eine stoffschlüssige Verschweißung kann dabei erfolgen. Eine Pressschweißung ohne Aufschmelzen der Deckbleche genügt ebenfalls den Anforderungen. Der Kunststoff wird in unmittelbarer Nähe der Schweißzone thermisch zerstört, um einem unerwünschten Rückfließen entgegen zu wirken. Ziel des ersten Prozessschritts ist die elektrische Leitfähigkeit senkrecht durch den Schichtaufbau des Stahl-Kunststoff-Verbundblechs dauerhaft zu gewährleisten.

Im zweiten Prozessschritt werden die Bauteile an den vorkonditionierten Stellen durch eine herkömmliche Widerstandsschweißanlage mit anderen Stahlwerkstoffen verschweißt. Optional kann ein Klebstoff flächig oder als Kleberaupe auf die Fügestelle aufgetragen werden. Durch die Elektrodenkraft wird der Klebstoff verdrängt und der Kontakt zwischen den Bauteilen realisiert. Auch das Verschweißen von zwei oder mehreren Verbundblechen miteinander ist technisch möglich.

# 5. Abgeleitete Untersuchungsschwerpunkte

Aus der Konzeption bzw. dem Wirkmechanismus des Fügeprozesses ergeben sich mehrere Fragestellungen, welche in der vorliegenden Arbeit untersucht bzw. diskutiert werden. In der Abbildung 33 werden die Untersuchungsschwerpunkte schematisch dargestellt.

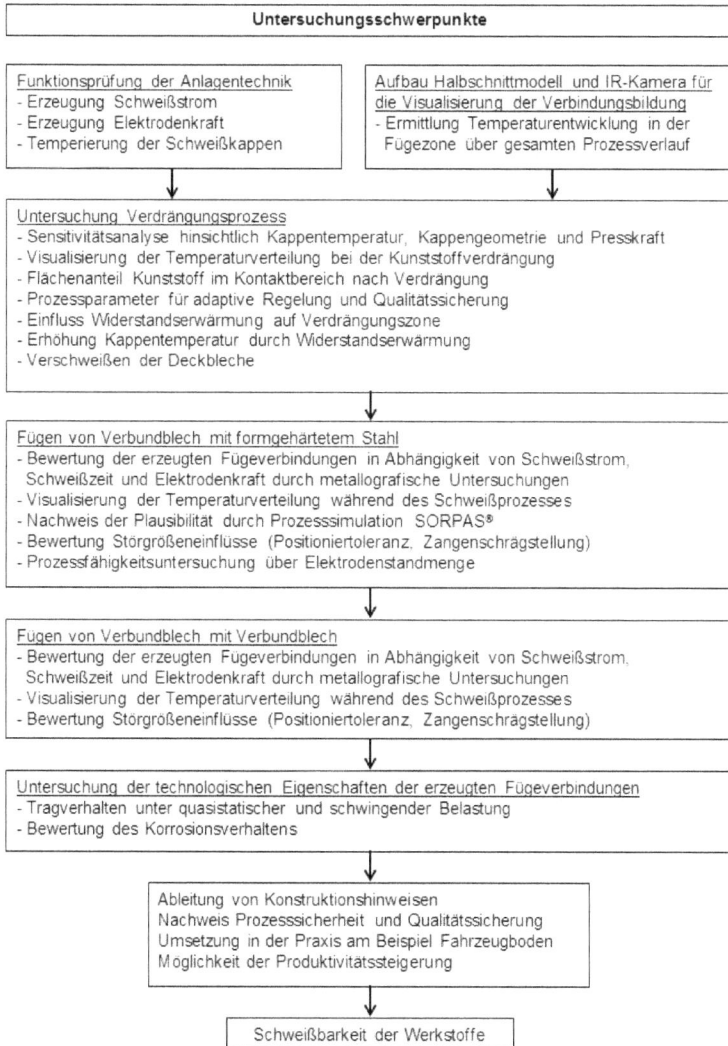

**Untersuchungsschwerpunkte**

Funktionsprüfung der Anlagentechnik
- Erzeugung Schweißstrom
- Erzeugung Elektrodenkraft
- Temperierung der Schweißkappen

Aufbau Halbschnittmodell und IR-Kamera für die Visualisierung der Verbindungsbildung
- Ermittlung Temperaturentwicklung in der Fügezone über gesamten Prozessverlauf

Untersuchung Verdrängungsprozess
- Sensitivitätsanalyse hinsichtlich Kappentemperatur, Kappengeometrie und Presskraft
- Visualisierung der Temperaturverteilung bei der Kunststoffverdrängung
- Flächenanteil Kunststoff im Kontaktbereich nach Verdrängung
- Prozessparameter für adaptive Regelung und Qualitätssicherung
- Einfluss Widerstandserwärmung auf Verdrängungszone
- Erhöhung Kappentemperatur durch Widerstandserwärmung
- Verschweißen der Deckbleche

Fügen von Verbundblech mit formgehärtetem Stahl
- Bewertung der erzeugten Fügeverbindungen in Abhängigkeit von Schweißstrom, Schweißzeit und Elektrodenkraft durch metallografische Untersuchungen
- Visualisierung der Temperaturverteilung während des Schweißprozesses
- Nachweis der Plausibilität durch Prozesssimulation SORPAS®
- Bewertung Störgrößeneinflüsse (Positioniertoleranz, Zangenschrägstellung)
- Prozessfähigkeitsuntersuchung über Elektrodenstandmenge

Fügen von Verbundblech mit Verbundblech
- Bewertung der erzeugten Fügeverbindungen in Abhängigkeit von Schweißstrom, Schweißzeit und Elektrodenkraft durch metallografische Untersuchungen
- Visualisierung der Temperaturverteilung während des Schweißprozesses
- Bewertung Störgrößeneinflüsse (Positioniertoleranz, Zangenschrägstellung)

Untersuchung der technologischen Eigenschaften der erzeugten Fügeverbindungen
- Tragverhalten unter quasistatischer und schwingender Belastung
- Bewertung des Korrosionsverhaltens

Ableitung von Konstruktionshinweisen
Nachweis Prozesssicherheit und Qualitätssicherung
Umsetzung in der Praxis am Beispiel Fahrzeugboden
Möglichkeit der Produktivitätssteigerung

Schweißbarkeit der Werkstoffe

**Abbildung 33: Schematische Darstellung der Untersuchungsschwerpunkte**

Die Grundlage für die Vorkonditionierung des Stahl-Kunststoff-Verbundblechs stellt die Anlagentechnik dar. Die ersten Untersuchungen sollen Aufschluss über die einwandfreie Funktionalität der Neuentwicklung geben. Weiterhin wird ein Prüfstand für die Ermittlung der Temperaturverteilung in der Fügezone und für die Prozessvisualisierung realisiert.

Anschließend wird der erste Prozessschritt, das Verdrängen der Polymerkernschicht, aus allen relevanten Blickwinkeln beleuchtet. Den Kern bildet eine Sensitivitätsanalyse hinsichtlich der relevanten Einflussgrößen. In Kapitel 9.1.1 wird die Wechselwirkung zwischen der Presskraft, der Verdrängungsdauer und der Kappentemperatur dargestellt. Mittels einer binarisierten Analyse im Rasterelektronenmikroskop (REM) wird der Flächenanteil des Kunststoffs nach der Verdrängung ermittelt. Ein möglichst geringer Kunststoffanteil zwischen den Deckblechen garantiert die elektrische Leitfähigkeit an den Fügestellen senkrecht durch das Verbundblech.

Weiterhin wird der Einfluss einer Widerstandserwärmung infolge eines Stromflusses im ersten Prozessschritt untersucht. Zum einen können die Eigenschaften der Polymerschicht beeinflusst werden. Auch eine Pressschweißung der Metalldeckbleche verhindert eine elastische Rückfederung und ein Zurückfließen des Polymers in die Verdrängungszone. Weiterhin kann durch die Widerstandserwärmung vorteilhaft eine Rückführung von Wärmeenergie in die Elektrodenkappen erfolgen. Durch Aufnahme und Auswertung der elektrischen Spannung und Stromstärke kann eine adaptive Schweißregelung und ein Qualitätssicherungsalgorithmus abgeleitet werden.

Mit dem in der Quelle [121] beschriebenen Messaufbau werden Thermografiemessungen am Halbschnittmodell durchgeführt. Es wird die qualitative Temperaturverteilung in der Fügezone während der Kunststoffverdrängung im ersten Prozessschritt ermittelt und die Ausbildung der Schweißverbindung im zweiten Prozessschritt visualisiert. Die Plausibilitätsprüfung der gemessenen Erwärmungsverläufe erfolgt mit der Prozesssimulationssoftware SORPAS®. Es werden die gemessenen und berechneten Temperaturverläufe sowie die Schweißlinsendimensionen gegenübergestellt.

Die erzeugten Schweißverbindungen werden hinsichtlich des geforderten Eigenschaftsprofils untersucht. Die Blechdicke des formgehärteten Stahls wird schrittweise von 1,0 mm, 1,5 mm und 2,0 mm variiert. In der metallografischen

Auswertung erfolgt eine Vermessung der erzielten Schweißlinsendurchmesser in der jeweiligen Fügeebene und der Einschweißtiefen. In einer Sensitivitätsanalyse wird die Wirkung von prozessbedingten Störeinflüssen wie z.B. einer Positionsabweichung oder einer Zangenschrägstellung auf das Schweißergebnis untersucht. Die Absicherung der geforderten Elektrodenstandmenge von 120 Schweißpunkten erfolgt durch eine Prozessfähigkeitsuntersuchung.

Weiterhin werden die Schweißverbindungen aus Verbundblech mit formgehärtetem Stahl und Verbundblech mit sich selbst hinsichtlich der technologischen Eigenschaften untersucht. Es wird das Tragverhalten unter statischer und schwingender Belastung ermittelt. Die Beurteilung des Korrosionsverhaltens erfolgt mittels einer Korrosionsprüfung entsprechend der Quelle [134]. Die Schweißproben, ausgeführt mit einem Überlappstoß, werden dafür einer zyklisch wechselnden Kombination von unterschiedlichen klimatischen und korrosiven Beanspruchungen unterzogen.

Aus den gewonnenen Ergebnissen und Erkenntnissen über das Eigenschaftsprofil der Fügeverbindungen werden Konstruktionshinweise abgeleitet. Der Nachweis der Umsetzbarkeit in der Praxis wird durch den Aufbau eines Fahrzeugbodens geführt.

Das primäre Ziel der Untersuchungen ist es, beurteilen zu können, inwiefern die Fügbarkeit von Stahl-Kunststoff-Verbundblech mit formgehärtetem Stahl gegeben ist. Dafür ist es notwendig, die in der Abbildung 33 dargestellten Untersuchungsschwerpunkte in Gänze abzuarbeiten. In Vorversuchen wurden nur relativ geringe Abweichungen bei der Verbindungsausbildung festgestellt. Auf eine statistische Absicherung der Ergebnisse, wie z.B. die ermittelten Linsendimensionen, wird in dieser Arbeit verzichtet. Die statistische Absicherung der Ergebnisse erfolgt ausschließlich bei der Ermittlung der mechanischen Eigenschaften der erzeugten Fügeverbindungen unter quasistatischer Belastung.

Im folgenden Kapitel wird die Entwicklung der verwendeten Anlagentechnik beschrieben.

# 6. Entwicklung Anlagentechnik für ersten Prozessschritt

## 6.1. Darstellung des Anforderungsprofils

Der erste Prozessschritt des in Kapitel 4 beschriebenen Fügekonzeptes für Stahl-Kunststoff-Verbundblech basiert auf dem folgenden Prozessablauf:

- Wärmeeintrag in das SSKV (durch Konduktion),
- Verdrängung Kunststoffschicht und
- Widerstandserwärmung der Fügezone.

Aus der Konzeption des ersten Prozessschrittes ergeben sich mehrere Anforderungen an die Anlagentechnik. Zum Verdrängen der Kunststoffschicht sind zwei gegenüber angeordnete Stempel notwendig. Dabei ist ein Stempel linear gelagert und kann mit einer Presskraft von bis zu 5 kN gegen den anderen Stempel drücken. Zwischen den Stempeln können Bauteile aus Stahl-Kunststoff-Verbundblech von üblichen Abmaßen positioniert werden. Die Temperatur der Stempel soll bis 400 °C regelbar sein. Für einen optimalen Wärmetransport weist der Stempelwerkstoff eine hohe Wärmeleitfähigkeit und hohe Warmhärte auf. Durch eine Schweißstromquelle und einen Mittelfrequenztransformator wird ein elektrischer Strom von bis zu 12 kA über die Pressstempel geleitet. Die notwendige Presskraft, die Stempeltemperatur und die Stromstärke wurden in Vorversuchen ermittelt.

Das Gewicht der Anlage soll vor dem Hintergrund der Roboterfertigung maximal 150 kg betragen. Die Anlage soll die gestellten Anforderungen erfüllen und dabei mit vertretbarem Aufwand herstellbar sein.

## 6.2. Lösungsansatz

Um die im vorherigen Kapitel gestellten Anforderungen zu erfüllen, wird eine herkömmliche Roboterschweißzange modifiziert. Diese servomotorische C-Zange kann eine Elektrodenkraft von 5 kN erzeugen und die für übliche Widerstandspunktschweißungen notwendige elektrische Leistung zur Verfügung stellen. Die Abbildung 34 zeigt die Schweißzange im Auslieferungszustand.

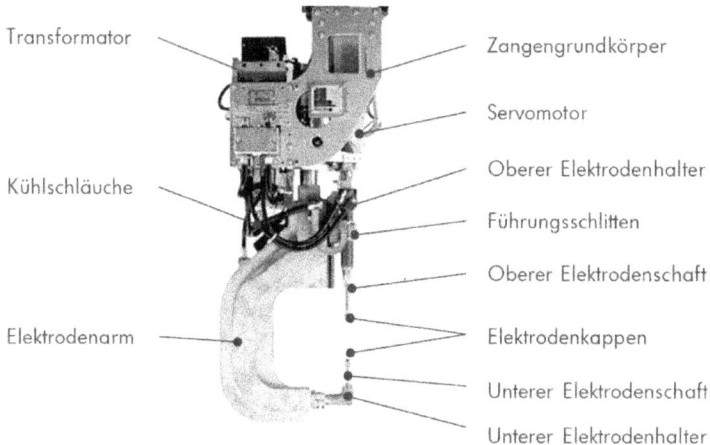

Transformator — Zangengrundkörper

— Servomotor

— Oberer Elektrodenhalter

Kühlschläuche — Führungsschlitten

— Oberer Elektrodenschaft

Elektrodenarm — Elektrodenkappen

— Unterer Elektrodenschaft

— Unterer Elektrodenhalter

**Abbildung 34: Schweißzange im Ausgangszustand [122]**

Der Zangengrundkörper, der Schweißtransformator, der Servomotor und der feste Elektrodenarm bleiben unverändert. Auch die Dimensionen des Zangenfensters und der Hub der Schweißzange bleiben nahezu unverändert.

In der Quelle [123] werden verschiedene Varianten zur Umrüstung der herkömmlichen wassergekühlten Serienschweißzange beschrieben und nach der VDI Richtlinie 2225 bewertet. Eine Möglichkeit durch die bereits vorhandenen Kühlwasserbohrungen temperierte Fluide zirkulieren zu lassen, ist mit keinem vertretbaren Aufwand zu realisieren. Eine weitere Konstruktionsvariante basiert auf einem in die Elektrodenschäfte integrierten Eisenkern, der mittels einer Induktionsspule erhitzt wird. Bei der zielführenden Variante werden lediglich die Elektrodenhalter modifiziert.[123]

Die Konstruktion basiert auf dem in der Quelle [120] geschützten Temperaturregelkreis. Entsprechend der schematischen Darstellung in Abbildung 35 werden die Elektrodenhalter mit Heizelementen ausgestattet. Durch zwei integrierte

Thermoelemente kann die Temperatur im Bereich der Schweißelektroden geregelt werden. Damit bei relativ langen Stromzeiten beliebige Kappentemperaturen realisiert werden können, besteht optional die Möglichkeit zur Wärmeabfuhr durch eine erzwungene Konvektion mittels Kühlluftstrom durch entsprechende Kühlbohrungen. Diese werden analog der bekannten Wasserkühlsysteme ausgeführt.

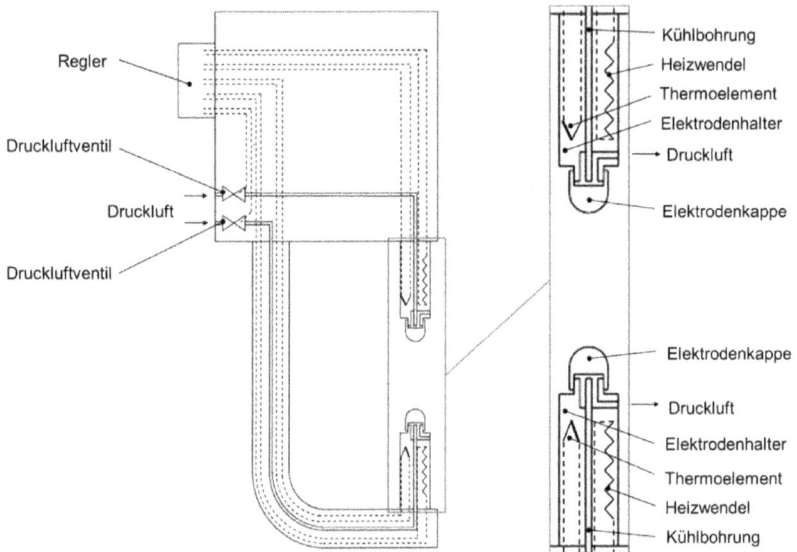

**Abbildung 35: Schematische Darstellung Temperaturregelkreis [120]**

Ein Regler verarbeitet die Temperatursignale beider Schweißelektroden. Unabhängig von den Stromparametern, den Umgebungseinflüssen und dem Betriebszustand kann durch Steuerung der Druckluftventile und Heizelemente die gewünschte Schweißelektrodentemperatur eingestellt werden. Das Temperaturgefälle von der Messstelle zu den Elektrodenkappen ist durch eine anlagenspezifische Kalibrierung zu kompensieren.

Um die Wärmeenergie gezielt in die Elektrodenkappen zu leiten und temperaturempfindliche Zangenbauteile, wie z.B. den Servomotor, vor einer unzulässigen Überhitzung zu schützen, werden geeignete Werkstoffe für die modifizierten Elektrodenhalter ausgewählt. Entsprechend der Abbildung 36 sind der obere und untere Elektrodenhalter aus einem thermisch schlecht leitenden Chrom-Nickel-Stahl gefertigt.

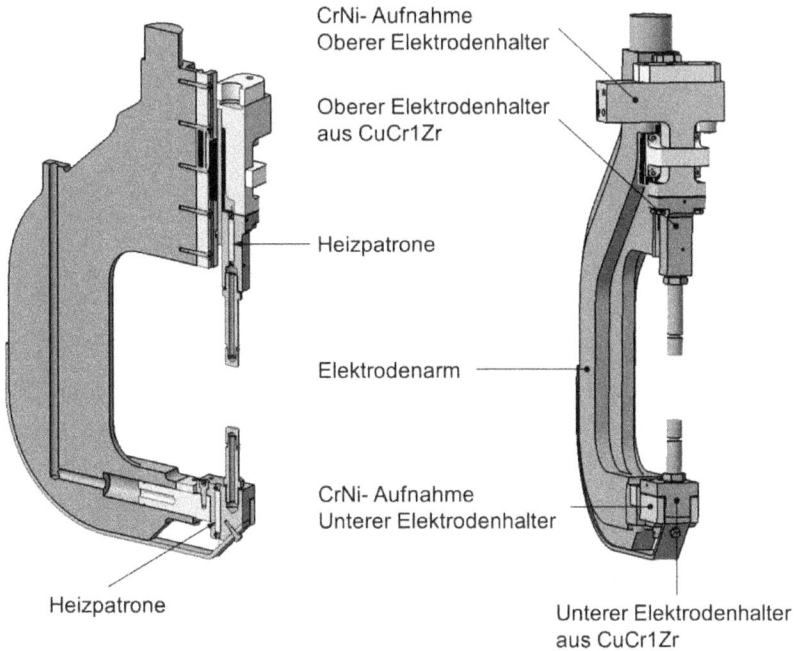

CrNi- Aufnahme
Oberer Elektrodenhalter

Oberer Elektrodenhalter
aus CuCr1Zr

Heizpatrone

Elektrodenarm

CrNi- Aufnahme
Unterer Elektrodenhalter

Heizpatrone

Unterer Elektrodenhalter
aus CuCr1Zr

**Abbildung 36: Aufbau modifizierte Schweißzange [123]**

Dadurch wird der Wärmestrom in den festen Elektrodenarm und in den Servomotor minimiert. Die Wärmeleitung von den Heizpatronen in die Elektrodenkappen wird durch die hohe Wärmeleitfähigkeit der Kupferlegierung begünstigt. Eine gezielte Temperaturverteilung über der Zangenkonstruktion ist durch die Auswahl geeigneter Werkstoffe möglich.

Als Pressstempel werden übliche Elektrodenkappen bzw. –schäfte aus einer CuCr1Zr-Legierung verwendet. Diese besitzen eine hohe Wärmeleitfähigkeit bei gleichzeitig hoher Warmhärte. In der Abbildung 37 ist der Verlauf der Warmhärte über der Temperatur dargestellt [124].

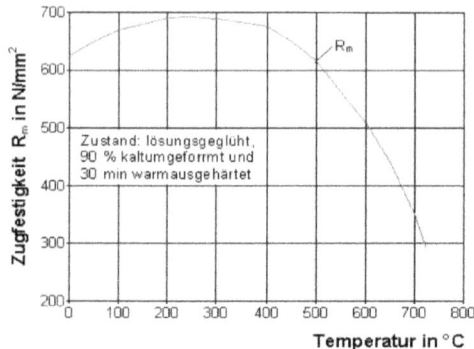

**Abbildung 37: Warmhärte von CuCr1Zr in Abhängigkeit von der Temperatur [124]**

Die Zugfestigkeit steigt mit zunehmender Temperatur an und erreicht bei 250 °C ein Maximum. Durch eine weitere Temperaturerhöhung erweicht die Kupferlegierung. [124], [125]

Da die Festigkeit bis zu einer Temperatur von ca. 500 °C stets über der Festigkeit bei Raumtemperatur liegt, ist mit keinem erhöhten Kappenverschleiß zu rechnen. Die Bearbeitung der Kappen mit Standardfräsern ist möglich.

## 6.3. Konzept für adaptive Regelung

Der Verdrängungsprozess ist von den Werkstoffeigenschaften des Verbundblechs und der verwendeten Anlagentechnik abhängig. Unter der Einwirkung von Störgrößen kann die benötigte Zeit zur Verdrängung der Polymerkernschicht schwanken. Wie in Kapitel 4 beschrieben, setzt ein Stromfluss nach der Kontaktierung der Metalldeckbleche ein. Heutige Schweißsteuerungen basieren auf der Mittelfrequenztechnik und können mit der Konstantstromregelung (KSR) betrieben werden. Zu beachten ist dabei, dass der Stromfluss erst nach erfolgter Kontaktierung in die Bauteile eingeleitet werden darf, da es sonst zur Beschädigung der Metalldeckbleche kommen kann. Weiterhin würde eine festgelegte, zur Sicherheit relativ lang gewählte Pausenzeit die Wirtschaftlichkeit des Fertigungsprozesses negativ beeinflussen. Damit die Prozesszeiten auf ein Minimum reduziert werden können, muss der elektrische Kontakt der Deckbleche detektiert werden. Danach setzt der Stromfluss ein. Das kann unmittelbar im Anschluss an den Kontaktierungszeitpunkt oder optional mit definierter, möglichst kurzer Pausenzeit erfolgen. Zur Realisierung werden zwei Konzepte vorgestellt.

Bei einer vollkommenen elektrischen Isolation der Metalldeckbleche, wie es vor dem Erzeugen des ersten Verdrängungspunktes der Fall ist, wird mit einer Prüfspannung gearbeitet. Die Spannung liegt dabei an den Pressstempeln an. Sobald die Metalldeckbleche in Kontakt stehen, kommt es zu einem (Signal-)Prüfstrom bzw. Spannungsabfall (siehe Abbildung 38). Ein oder beide Signale werden von der Schweißsteuerung gemessen. Anschließend wird wie beschrieben der Hauptstrom eingeleitet.

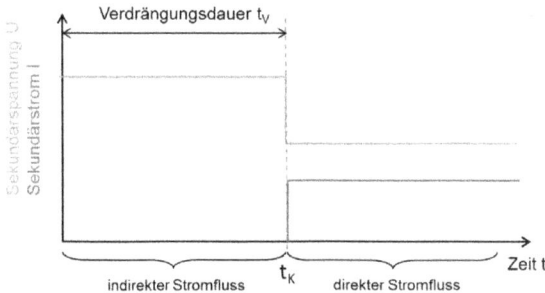

Abbildung 38: U/I - Verlauf während der Verdrängung ohne Nebenschluss

Bei einem bereits bestehenden elektrischen Kontakt der Deckbleche, z.B. durch eine Kontaktzange, Haltevorrichtungen oder einen bereits verdrängten Punkt kann mit einem Prüfstrom gearbeitet werden. Dieser fließt bis zum Kontakt der Metalldeckbleche über die Nebenschlussstelle(n). Nach erfolgter Kontaktierung zum Zeitpunkt $t_K$ fließt er nahezu vollständig direkt durch die Verdrängungszone (siehe Abbildung 39). Durch den erheblich kürzeren Strompfad kommt es dabei zu einem deutlichen Spannungseinbruch. Dieser wird von der Schweißsteuerung detektiert und dient als Kriterium zum Einleiten des Hauptstromes.

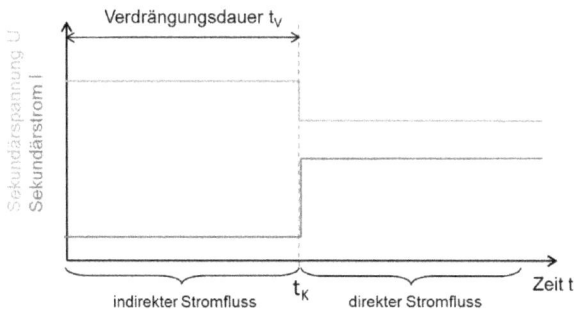

Abbildung 39: U/I - Verlauf während der Verdrängung mit Nebenschluss

## 6.4.  Funktionsprüfung

Um die Funktionalität der modifizierten Schweißzange mit temperierten Elektrodenkappen zu bewerten, wird eine thermografische Untersuchung durchgeführt. Die relevanten Bauteile weisen verschiedene werkstoffspezifische Emissionsfaktoren auf. Durch Auftragen einer Graphitbeschichtung werden diese angeglichen. Durch Referenzmessungen mittels eines Berührungsthermometers werden die gemessenen Temperaturwerte kalibriert. In Abbildung 40 ist die Temperaturverteilung der Zange im Betriebszustand dargestellt.

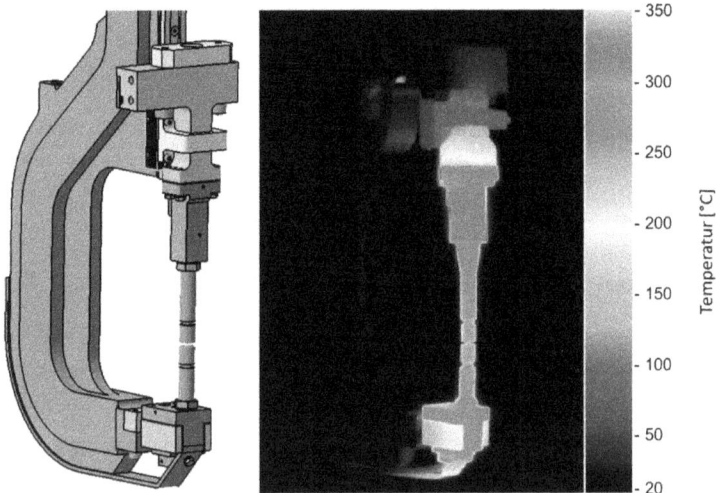

**Abbildung 40: Temperaturverteilung über der Schweißzange**

Die Temperaturverteilung stellt sich entsprechend den Anforderungen ein. Der relativ geringe Temperaturunterschied zwischen den Elektrodenkappen und den Elektrodenhaltern beträgt ca. 30 K. Dies liegt in der hohen Wärmeleitfähigkeit der Kupferlegierung begründet, welche für die Elektrodenhalter, -schäfte und -kappen Verwendung findet.

Die in Kapitel 4 theoretisch hergeleitete Arbeitstemperatur der Elektrodenkappen von ca. 250 °C wird sicher erreicht. Durch die vergleichsweise geringe Wärmeleitfähigkeit der Elektrodenaufnahmen werden temperaturempfindliche Bauteile geschützt. Die Anlage wird für alle in dieser Arbeit betrachteten Untersuchungen verwendet.

Im folgenden Kapitel wird der Messaufbau zur Ermittlung der Temperaturfelder im Bereich der Fügestelle beschrieben.

# 7. Messsaufbau zur Ermittlung der Temperaturfelder

Die Verbindungsbildung bei Widerstandspunktschweißprozessen entsteht innerhalb der zu fügenden Bauteile. Die Wärmeentwicklung in der Fügezone kann während des Fügeprozesses nicht direkt beobachtet oder gemessen werden.

In Anlehnung an die Quelle [126] kann die Temperaturentwicklung in der Schweißzone einschließlich der Schweißelektroden über den gesamten zeitlichen Verlauf eines Punktschweißprozesses mittels eines modifizierten Versuchsaufbaus visualisiert werden. Für die Prozessvisualisierung und Temperaturerfassung wird die Rotationssymmetrie der Elektrodenkappen ausgenutzt. Die Kappen werden mittig getrennt. Eine Vorrichtung verhindert ein relatives Verschieben zwischen Elektroden und Materialproben. Der Schweißstrom und die Elektrodenkraft werden anhand von Vorversuchen mit einer vollständigen Schweißung ermittelt. Das Thermografiemesssystem erfasst den relevanten Bereich der Trennflächen vollständig und nimmt die Strahlungsintensitätsverteilung über den gesamten Schweißvorgang auf. In Abbildung 41 ist der Versuchsaufbau dargestellt.

Abbildung 41: Versuchsaufbau der Thermografiemessung am Halbschnittmodell [121]

Der Messaufbau realisiert die Erfassung der Strahlungsintensität von Raumtemperatur bis über die Schmelztemperatur der zu fügenden Werkstoffe in der Schweißzone und den Schweißelektroden über den gesamten Verlauf eines Widerstandsschweißprozesses. Die Schweißzange wird in horizontaler Lage aufgebaut, um den Einfluss der Gravitationskraft auf die flüssige Schmelze zu reduzieren. Die Vorrichtung ermöglicht die Einspannung und die exakte Positionierung der Materialproben zur Schnittebene der Elektrodenkappen.

Da für das Halbschnittmodell nur die Hälfte an Schweißgut erzeugt wird, muss die eingebrachte Wärmeenergie einer herkömmlichen Schweißung nach dem

Joule'schen Gesetz über die Absenkung des Schweißstroms halbiert werden. Die Schweißzeit bleibt unverändert. Der Schweißvorgang läuft analog zu einem herkömmlichen Widerstandsschweißprozess mit Vorhalte-, Schweiß- und Nachhaltezeit ab. Eine Argonatmosphäre schützt das Schweißgut vor der Reaktion mit der Umgebungsluft. In Abbildung 42 ist der vollständige Messaufbau dargestellt.

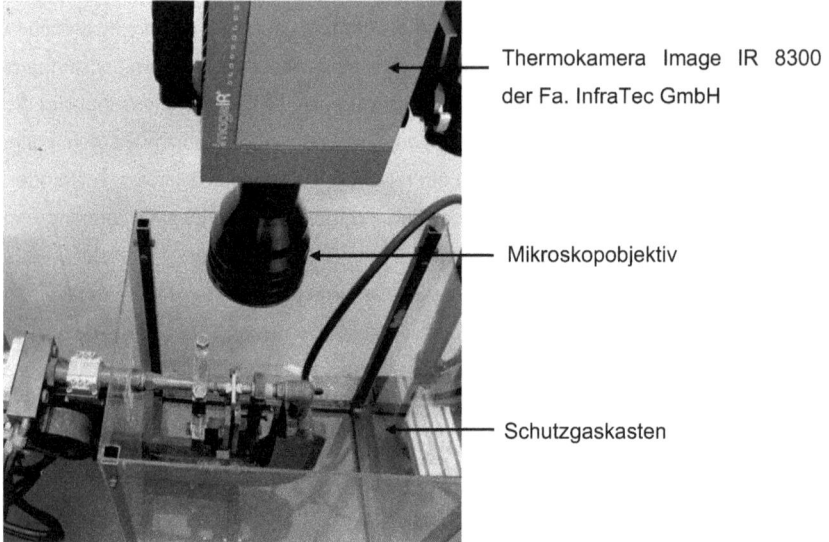

Thermokamera Image IR 8300 der Fa. InfraTec GmbH

Mikroskopobjektiv

Schutzgaskasten

Abbildung 42: Versuchsaufbau mit Thermografiekamera [121]

Die Wirkung des Schutzgases kann aufgrund der einsetzenden Kühlwirkung nicht spülend angewendet werden. Mit Hilfe eines Schutzgaskastens kann der Fügeprozess unter einer Argonatmosphäre realisiert werden. Das Thermografiemesssystem erfasst die Strahlungsintensitätsverteilung über den gesamten Schweißvorgang. Bei einer Bildauflösung von 640 x 512 Pixel kann eine Bildfrequenz von 100 Hz im Vollbildmodus erzielt werden. Die Bildrate kann beispielsweise im Viertelbildmodus auf 850 Hz erhöht werden. Die Auflösung des verwendeten Mikroskopobjektivs beträgt 15 µm.

In der Abbildung 43 werden die Strahlungsanteile bei pyrometrischer bzw. thermografischer Temperaturmessung schematisch dargestellt.

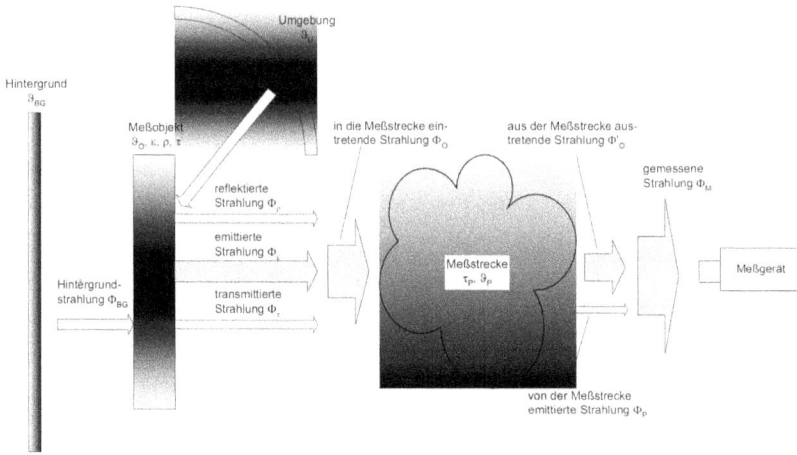

**Abbildung 43: Strahlungsanteile bei thermografischer Temperaturmessung [128]**

Die von der Thermografiekamera gemessene Strahlung $\Phi_M$ wird von dem Messobjekt, der Umgebung und der Messstrecke beeinflusst. Für das nichttransparente Messobjekt gilt $\Phi_{BG} = 0$. Die Objekttemperatur $\vartheta_0$ berechnet sich entsprechend der Gleichung 14. [128], [129]

Gl. 15

$$\vartheta_0 = \Phi^{-1}\left(\frac{\frac{\Phi_{M-(1-\tau_P)*\Phi(\vartheta_P)}}{\tau_P} - (1-\varepsilon)*\Phi(\vartheta_U)}{\varepsilon}\right)$$

$\varepsilon$     Emissionskoeffizient des Messobjektes

$\tau_P$     Transmissionskoeffizient der Messstrecke

$\vartheta_0$     Objekttemperatur

$\vartheta_P$     Temperatur der Messstrecke

$\vartheta_U$     Umgebungstemperatur

$\Phi$     Emittierte Strahlung

$\Phi(\vartheta)$     Gerätespezifische und für den Messbereich bestimmte Temperaturkennlinie

$\Phi_M$     Gemessene Strahlung

Für die Bestimmung von absoluten Temperaturwerten kann eine Kalibrierung über Referenzmessungen mittels Thermoelementen durchgeführt werden. Eine weitere Orientierungsmöglichkeit liefert die aufgeschmolzene Werkstoffbeschichtung, welche infolge der Elektrodenkraft aus der Fügeebene in Richtung des Kamerasystems verdrängt wird. Für einen während des Schweißprozesses annähernd gleichbleibenden Emissionsfaktor werden die Blechproben und Elektrodenkappen geschliffen und mittels Graphitspray eingeschwärzt. Verluste mit der Umgebung durch Strahlung und Konvektion werden vernachlässigt. Mit dem Messaufbau wird die qualitative Temperaturverteilung während der Kunststoffverdrängung und während des Widerstandsschweißprozesses visualisiert.

In Kapitel 8 erfolgt die Beschreibung der Versuchsmethodik. Für beide Prozessschritte werden die relevanten Einfluss-, Stör- und Zielgrößen dargestellt.

# 8. Versuchsmethodik

## 8.1. Erster Prozessschritt – Kunststoffverdrängung

Entsprechend der theoretischen Betrachtung des zweistufigen Fügeprozesses in Kapitel 4 ist die Verdrängung der Polymerlage im Verbundblech bzw. die elektrische Leitfähigkeit senkrecht durch den Schichtaufbau die Grundvoraussetzung für den zeitlich nachgelagerten Widerstandsschweißprozess. Die Kunststoffverdrängung stellt einen komplexen Prozess dar, dessen Ablauf einer Abhängigkeit von verschiedenen Faktoren unterliegt. Zur Beurteilung der Fügbarkeit des steifigkeitsoptimierten Stahl-Kunststoff-Verbundbleches mit formgehärtetem Stahl werden im Rahmen dieser Arbeit verschiedene Einfluss- und Störgrößen variiert (var.) und deren Auswirkungen auf die Zielgrößen diskutiert. In der Abbildung 44 ist das Prozessmodell für den ersten Prozessschritt schematisch dargestellt.

Störgrößen $S_i$

Einflussgrößen $X_i$

1. Prozessschritt:
Kunststoffverdrängung

Zielgrößen $Y_i$

Abbildung 44: Prozessmodell Kunststoffverdrängung

Die Kunststoffverdrängung wird von werkstoff- und anlagenspezifischen Kenngrößen sowie von der Gestaltung bzw. der Lage der Fügestelle beeinflusst. Die Haupteinflussgrößen stellen die Presskraft, die Kappentemperatur und die Vorhaltezeit dar. Diese Größen stehen hinsichtlich der Kunststoffverdrängung in Wechselbeziehung zueinander. Durch die Variation dieser primären Einflussgrößen können die jeweiligen Abhängigkeiten dargestellt werden. Weiterhin wird in Kapitel 9.1.1. der Einfluss von Kappenradius, Kappenwerkstoff und Abstand der Fügestelle zum Blechrand bewertet.

Anschließend erfolgt die Validierung der in Kapitel 4 theoretisch hergeleiteten Wärmeleitungsvorgänge mittels der Thermografiemessungen am Halbschnittmodell. In Kapitel 9.1.3. wird mittels einer Analyse im Rasterelektronenmikroskop (REM) der Restanteil an Kunststoff in der Kontaktzone der Deckbleche ermittelt und dessen Einfluss auf den zeitlich nachgelagerten Widerstandsschweißprozess diskutiert.

Ein möglichst geringer Kunststoffanteil zwischen den angenäherten Deckblechen ist Voraussetzung für eine ausreichende elektrische Leitfähigkeit senkrecht durch den Verbundwerkstoff. In der Tabelle 4 werden die verschiedenen Einfluss-, Stör- und Zielgrößen zusammengefasst aufgeführt.

**Tabelle 4: Variablen im Prozessmodell Kunststoffverdrängung**

| Einflussgrößen $X_i$ | | Störgrößen $S_i$ | | Zielgrößen $Y_i$ |
|---|---|---|---|---|
| - Kappentemperatur | var. | - Schwankung der | var. | - elektrische Leitfähigkeit |
| (vor 1. Prozessschritt) | | Kappentemperatur | | senkrecht durch den |
| - Presskraft | var. | (ggf. abhängig von | | Schichtaufbau |
| - Verdrängungsdauer | var. | Betriebszustand) | | - Kunststoffanteil im |
| - Kappenarbeitsfläche | kon. | - Kappenverschleiß | var. | Kontaktbereich |
| - Kappenradius | var. | - Schwankung der | var. | - Größe der Kontaktfläche |
| - Randabstand | var. | Presskraft | | - Widerstandsverlauf |
| - Abstand von | kon. | - Beölung | kon. | - Temperaturverteilung |
| Biegeradien | | - Verschmutzung | kon. | während des Prozesses |
| - Nachsetzverhalten | kon. | - Oxide | kon. | im Verbundblech |
| der temperierten | | - Nebenschluss | var. | - Eigenschaften des |
| Schweißzange | | | | Polymers um die |
| - Schichtaufbau | kon. | | | Verdrängungszone |
| - Deckblechwerkstoff | kon. | | | - Kappentemperatur |
| - Deckblechbeschichtung | kon. | | | (nach 1.Prozessschritt) |
| - Deckblechdicke | kon. | | | |
| - Dicke der Polymerlage | kon. | | | |
| - Stromart | kon. | | | |
| - Stromaufbau- | kon. | | | |
| geschwindigkeit | | | | |
| - Prüfspannung | kon. | | | |
| - Stromstärke | kon. | | | |
| - Stromzeit | var. | | | |
| - Punktabstand | kon. | | | |

Die Kontaktierung der Deckbleche wird entsprechend Kapitel 4 mittels einer Prüfspannung registriert. In Kapitel 9.1.4. werden Widerstandsverläufe für die jeweils erste sowie die folgenden Fügestellen einer Blechprobe dargestellt. Durch die Anwendbarkeit der in Kapitel 6.3. hergeleiteten Regelalgorithmen kann die

Funktionalität einer adaptiven Regelung zur Minimierung der Prozesszeit und zur Qualitätssicherung abgeschätzt werden.

Ein im ersten Prozessschritt direkt nach der Kontaktierung der Deckbleche eingeleiteter Stromimpuls kann vorteilhaft zu einer Erwärmung des Verbundblechs genutzt werden. Die Bewertung der Fügestelle hinsichtlich des überhitzten Kunststoffes in Kapitel 9.1.5. lässt Rückschlüsse auf dessen verminderte Fließfähigkeit zu. Dadurch kann ein Rückfließen des Kunststoffs nach dem Abheben der Kappen vermieden und die bleibende elektrische Leitfähigkeit senkrecht durch das Verbundblech gewährleistet werden.

Weiterhin kann die Erwärmung der Fügestelle zu einer Rückführung von thermischer Energie in die Kappen genutzt werden. Dabei soll sich auch über mehrere Arbeitsgänge eine möglichst konstante Kappentemperatur einstellen. Die dafür notwendige optimale Stromzeit kann durch die Ermittlung von Temperaturverläufen im Bereich der Kappen in Kapitel 9.1.6. abgeleitet werden.

Die weiteren Eingangs- und Störgrößen aus Tabelle 4 mit teilweise relativ geringer Prozessauswirkung werden konstant (kon.) gehalten bzw. nicht näher betrachtet.

## 8.2.   Zweiter Prozessschritt - Fügeprozess

Im zweiten Prozessschritt wird das Verbundblech an den vorkonditionierten Fügestellen mit anderen monolithischen Stählen verschweißt. Weiterhin können zwei Verbundbleche miteinander gefügt werden. In der Abbildung 45 wird das Prozessmodell des zweiten Prozessschrittes, dem Fügen des Verbundblechs, schematisch dargestellt.

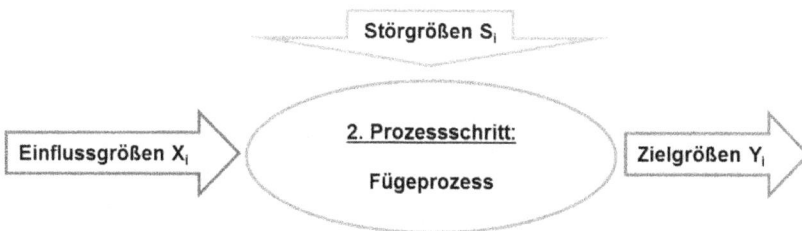

Abbildung 45: Prozessmodell Fügeprozess

Analog zum ersten Prozessschritt werden verschiedene Einfluss- und Störgrößen hinsichtlich der erzeugten Schweißverbindungen und deren technologischen Eigenschaften untersucht. In der Tabelle 5 sind die verschiedenen Einfluss-, Stör- und Zielgrößen zusammengefasst dargestellt.

Tabelle 5: Variablen im Prozessmodell Fügeprozess

| Einflussgrößen $X_i$ | | Störgrößen $S_i$ | | Zielgrößen $Y_i$ |
|---|---|---|---|---|
| - Schweißstromstärke | var. | - Positionierungs- | var. | - Linsendurchmesser |
| - Schweißzeit | var. | toleranzen | | - Einschweißtiefen |
| - Elektrodenkraft | var. | - Kappen- | var. | - Festigkeit (statisch, |
| - Vorhaltezeit | var. | verschleiß | | dynamisch) |
| - Klebstoff | var. | - Schwankung der | kon. | - Korrosions- |
| - Kappenarbeitsfläche | kon. | Elektrodenkraft | | beständigkeit |
| - Kappenradius | kon. | - Beölung | kon. | - Prozessfähigkeit |
| - Deckblechwerkstoff | kon. | - Verschmutzung | kon. | - Kappenstandzeit |
| - Deckblech- | kon. | - Oxide | kon. | - Temperaturverteilung |
| beschichtung | | - Nebenschluss | kon. | während des |
| - Deckblechdicke | kon. | | | Prozesses |
| - Kunststoffanteil | kon. | | | (Validierung mittels |
| im Kontaktbereich | | | | Prozesssimulations- |
| - Größe der | kon. | | | software) |
| Kontaktfläche | | | | - Widerstandsverlauf |
| - Blechdicken | var. | | | |
| Fügepartner | | | | |
| - Werkstoff Fügepartner | var. | | | |
| - Beschichtung | var. | | | |
| Fügepartner | | | | |
| - Lage der Fügepartner | var. | | | |
| im Blechpaket | | | | |
| - Randabstand | kon. | | | |
| - Stromart | kon. | | | |
| - Stromaufbau- | kon. | | | |
| geschwindigkeit | | | | |

Die elementaren Zielgrößen beim Widerstandspunktschweißen stellen der Schweißlinsendurchmesser, die Einschweißtiefen in die äußeren Blechlagen sowie die Verbindungfestigkeit dar. Der Einfluss der Schweißparameter, wie z.B. die Schweißstromstärke auf den Linsendurchmesser wird an der Blechkombination aus Verbundblech mit formgehärtetem Stahl untersucht. Entsprechend der heute im

Karosseriebau eingesetzten Strukturbauteile wird in Kapitel 9.2.1. der Einfluss der Blechdicke des formgehärteten Stahls auf das Schweißergebnis näher betrachtet. Durch die Thermografiemessungen am Halbschnittmodell wird die Visualisierung der Verbindungsbildung ermöglicht. Damit wird das Prozessverständnis erweitert und die Ableitung von Rückschlüssen auf die blechdickenabhängigen Schweißbereiche in Kapitel 9.2.2. ermöglicht. Anschließend werden die gemessenen Temperaturfelder durch eine Prozesssimulationssoftware validiert.

Vor dem Hintergrund der zukünftigen Anwendung des Fügeverfahrens in der Großserie wird im Abschnitt 9.2.4. die Prozessfähigkeit unter dem Einfluss von Störgrößen, wie z.B. einer Positionsabweichung und Zangenschrägstellung geprüft. In heutigen Karosseriekonzepten nimmt die Bedeutung von Hybridfügeverfahren, wie z.B. dem Punktschweißkleben, zu. Entsprechend wird die Anwendbarkeit von Klebstoff hinsichtlich der minimal notwendigen Elektrodenkraft und Vorhaltezeit diskutiert und der Einfluss auf das Schweißergebnis dargestellt.

In Kapitel 9.2.5. erfolgt eine Prozessfähigkeitsuntersuchung. Die erzielten Linsendimensionen werden über einen üblichen Kappenfräszyklus von 120 Schweißpunkten hinaus ermittelt.

Analog zu den Abschnitten 9.2.1. bis 9.2.4. erfolgen in Kapitel 9.3. entsprechende Untersuchungen für das Fügen von zwei Verbundblechen.

Die erzielten Linsendimensionen und Verbindungsfestigkeiten unter statischer sowie dynamischer Belastung werden ermittelt und im Abschnitt 9.4.1. den Mindestanforderungen aus der geltenden Normung gegenübergestellt.

Um Erkenntnisse darüber zu gewinnen, inwiefern die Fügeverbindungen die gestellten Anforderungen im Fahrzeugleben erfüllen, werden erzeugte Fügeverbindungen einem Klimawechseltest unterzogen. Die Korrosionsbeständigkeit an der Fügestelle und im Überlappflansch wird in Kapitel 9.4.2. beurteilt.

Die weiteren Einfluss- und Störgrößen mit teilweise relativ geringen Prozessauswirkungen werden konstant gehalten oder nicht betrachtet.

# 9. Versuchsdurchführung und Ergebnisse

## 9.1. Untersuchung Kunststoffverdrängung

### 9.1.1. Sensitivitätsanalyse

Die Versuche zur Bewertung von Einflussfaktoren auf die Verdrängung der Polymerlage werden mit der in Kapitel 6.2. beschriebenen Schweißzange durchgeführt. Der Messaufbau zur Ermittlung der Verdrängungsdauer ist schematisch in Abbildung 46 dargestellt.

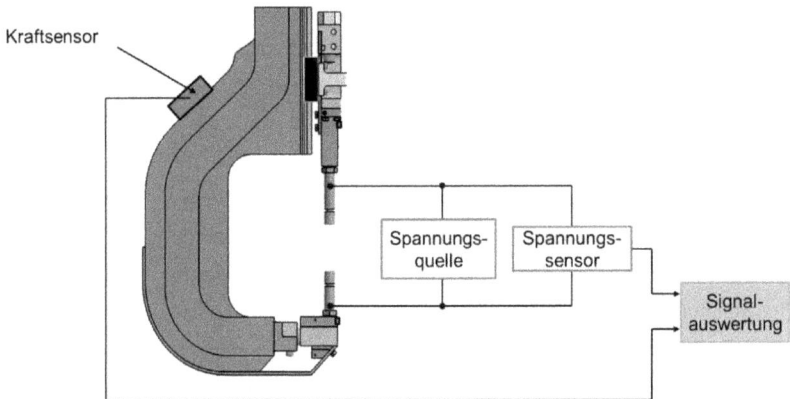

**Abbildung 46: Schematischer Versuchsaufbau zur Ermittlung der Verdrängungsdauer**

An den Pressstempeln bzw. Elektroden liegt eine Spannung von ca. 9 V an. Die Spannungsquelle ist derart ausgelegt, dass die Spannung im Kurzschluss zusammenbricht. Das Kraftsignal vom Piezo – Kraftsensor und die anliegende Spannung wird vom Messrechner über den Verdrängungsprozess aufgezeichnet. Die Messung startet mit dem Beginn des Kraftaufbaus. Die Verdrängungsdauer stellt den Zeitraum zwischen dem erfolgten Kraftaufbau bis zum elektrischen Kontakt der Deckbleche dar. Der zeitliche Ablauf ist in der Abbildung 47 schematisch dargestellt.

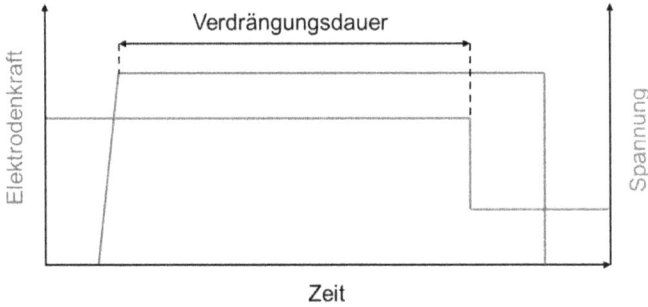

**Abbildung 47: Schematischer Elektrodenkraft- und Spannungsverlauf über der Zeit**

Definitionsgemäß besteht in dieser Arbeit der elektrische Kontakt sobald die Durchschlagsspannung der Polymerlage unter 9 V sinkt. Diese Spannung entspricht der üblichen Leerlaufspannung von Schweißtransformatoren.

In der Abbildung 48 wird der Einfluss der Elektrodenkraft, der Kappentemperatur und der Verdrängungsdauer auf die Kontaktierung dargestellt (Werte nach Quelle [127]). Die Messzeit beträgt maximal 6000 ms und die Kappentemperatur wird im Intervall von 200 °C bis 450 °C in einer Schrittweite von 50 K variiert. Bis zu einer Kappentemperatur von 200 °C wird kein elektrischer Kontakt der Deckbleche realisiert. Die maximal mögliche Temperatur wird durch die verwendete Anlagentechnik auf 400 °C begrenzt. Der Radius der CuCr1Zr-Kappen beträgt 75 mm. Die Flanschbreite weist 16 mm auf.

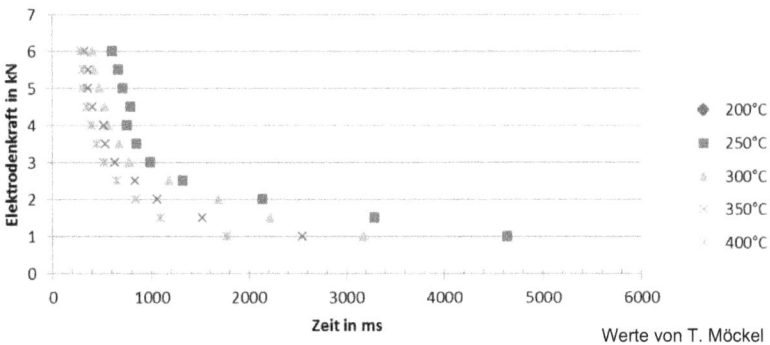

**Abbildung 48: Einfluss Elektrodenkraft, Kappentemperatur und Verdrängungsdauer**

Die Verläufe der Isothermen verdeutlichen, dass zur Verringerung der Verdrängungsdauer höhere Elektrodenkräfte benötigt werden. Durch eine

Temperaturerhöhung wird der Verdrängungsprozess beschleunigt bzw. die notwendige Elektrodenkraft vermindert. Der größere Temperaturgradient zwischen den Kappen und der Kunststoffschicht führt zu einem größeren Wärmestrom. Die Polymerlage wird schneller plastifiziert und verdrängt.

Um den Einfluss der Kappengeometrie zu bewerten, wird der Kappenradius variiert. Bei den Versuchen werden Elektrodenkappen mit einem Durchmesser von 16 mm verwendet. Der Abstand der Fügestelle zum Probenrand (Randabstand) beträgt 8 mm. Die Kappentemperatur wird konstant auf 270 °C gehalten. In der Abbildung 49 ist der Einfluss der Elektrodenkraft, des Kappenradius und der Verdrängungsdauer auf die Kontaktierung dargestellt (Werte nach Quelle [127]).

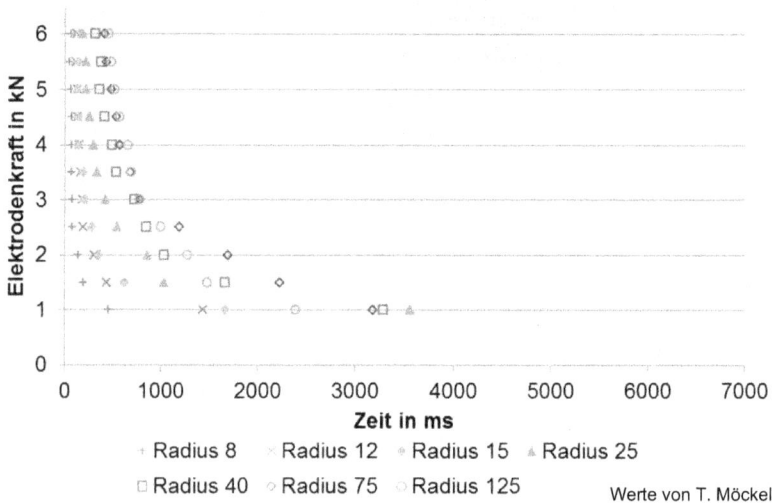

**Abbildung 49: Einfluss Elektrodenkraft, Kappenradius und Verdrängungsdauer (8 mm)**

Durch Verwendung kleinerer Kappenradien kann die benötigte Elektrodenkraft und Verdrängungsdauer verringert werden. Mit kleineren Kappenradien muss zur Realisierung des Kontaktes weniger Volumen an Kunststoff verdrängt werden. Durch die kleinere Kontaktfläche zwischen Kappe und Deckblech kommt es bei einer gleichen Elektrodenkraft zu einer höheren Flächenpressung im Verbundblech.

Abhängig von dem Randabstand, der Kappengeometrie und -temperatur sowie der Verdrängungsdauer kann es zu Kunststoffausstülpungen am Blechrand kommen. Der Austritt von Kunststoff am Blechrand wird von dem Fließverhalten der Polymerschmelze beeinflusst.

In Abbildung 50 ist der Einfluss der Elektrodenkraft, des Kappenradius und der Verdrängungsdauer bei einem Randabstand von 25 mm dargestellt (Werte nach Quelle [127]). Das Temperaturprofil um die Verdrängungszone bildet sich rotationssymmetrisch aus.

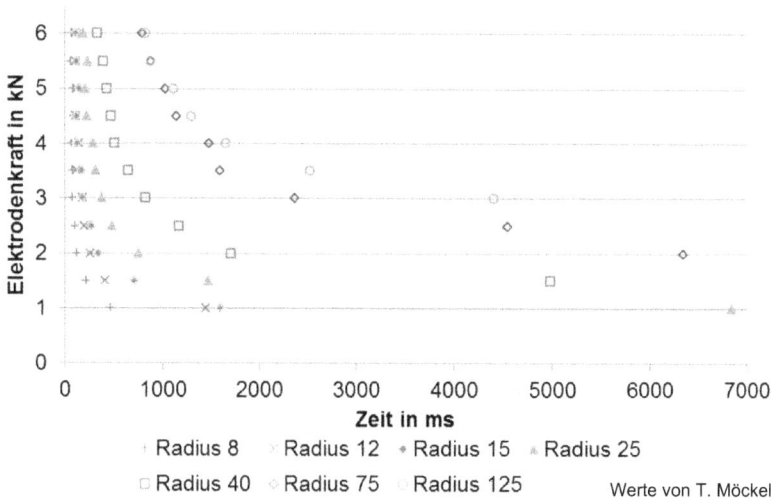

Abbildung 50: Einfluss Elektrodenkraft, Kappenradius und Verdrängungsdauer (25 mm)

Im Vergleich zu der Verdrängung mit einem Randabstand von 8 mm tritt kein Kunststoff am Rand des Verbundblechs aus. Der gesamte verdrängte Kunststoff lagert sich radial um die Verdrängungszone im Verbundblech ab. Dafür ist auch eine Temperaturerhöhung als „Fließvoraussetzung" um die Verdrängungszone nötig. Entsprechend wird mit einem Randabstand von 25 mm gegenüber einem Randabstand von 8 mm, bei sonst gleichen Randbedingungen, eine längere Verdrängungsdauer benötigt.

Um den Einfluss des Kappenwerkstoffs zu beurteilen, wird eine CuNiSiCr – Legierung untersucht. Dieser Werkstoff weist im Vergleich zu der CuCr1Zr – Legierung eine verminderte Wärmeleitfähigkeit auf. Das Elektrolytkupfer besticht durch die höchste Wärmeleitfähigkeit. Aufgrund der geringen Festigkeit ist der Werkstoff jedoch nicht geeignet. Die Abbildung 51 zeigt den Einfluss der Elektrodenkraft, des Kappenwerkstoffs und der Verdrängungsdauer (Werte nach Quelle [127]).

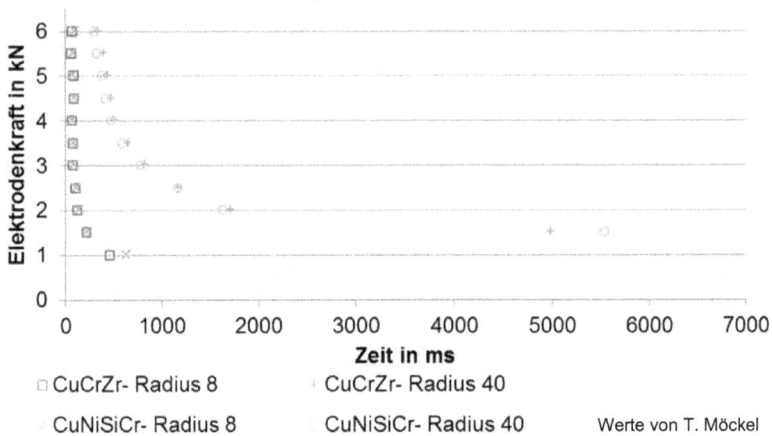

| □ CuCrZr- Radius 8 | CuCrZr- Radius 40 |
| CuNiSiCr- Radius 8 | CuNiSiCr- Radius 40 | Werte von T. Möckel |

**Abbildung 51: Einfluss Elektrodenkraft, Kappenwerkstoff und Verdrängungsdauer**

Es zeigt sich kein signifikanter Unterschied zwischen der CuCr1Zr- und der CuNiSiCr- Legierung. Die Kupferlegierungen weisen im Vergleich zu den Metalldeckblechen eine ca. 6 - fach höhere Wärmeleitfähigkeit auf. [61], [124]

Die Größe des Wärmestromes wird maßgeblich von dem vorherrschenden Temperaturgradienten und der Wärmeleitfähigkeit sowie der Wärmeübergangskoeffizienten am Metalldeckblech beeinflusst.

Eine weitere Untersuchung hinsichtlich geeigneter Kappenwerkstoffe wird in dieser Arbeit nicht durchgeführt. Aufgrund der prozessrelevanten Stromeinleitung in das Verbundblech wird die CuCr1Zr-Legierung mit einer vergleichsweise höheren elektrischen Leitfähigkeit als zielführend angesehen.

Bei der Auswahl der Kappengeometrie ist zu berücksichtigen, dass die Kontaktzonen für den anschließenden Widerstandschweißprozess zum Fügen der Bauteile gewisse Mindestdurchmesser aufweisen müssen. Diese sind von den in der Fertigung zu realisierenden Positioniertoleranzen für den zweiten Prozessschritt abhängig. Die Verwendung von Kappenradien kleiner 25 mm ist daher nicht zielführend. Entsprechend der Abbildung 50 gilt ein Kappenradius von 25 bis 75 mm als praxisrelevant. Bedeutend für eine Umsetzung des Fügeverfahrens in der Großserie ist, dass bei üblichen Elektrodenkräften von 3,5 bis 4 kN eine Kontaktierung der Deckbleche bei ca. 250..300 °C Kappentemperatur in deutlich unter 2000 ms Verdrängungsdauer erfolgen kann.

## 9.1.2. Visualisierung der Temperaturverteilung bei der Kunststoffverdrängung

Durch das in Kapitel 7 beschriebene Messverfahren werden Erkenntnisse über die qualitative Temperaturverteilung in der Verdrängungszone gewonnen. Für das Halbschnittmodell werden die temperierten Kappen mittig getrennt und an dem Rand des Verbundblechs positioniert. Der Kappenradius beträgt 75 mm. Bei einer Kappentemperatur von ca. 100 °C wird ein seitliches Heraustreten der Kunststoffschicht nahezu vermieden. Der Temperaturverlauf wird über eine Pressdauer von 2500 ms in der Abbildung 52 dargestellt.

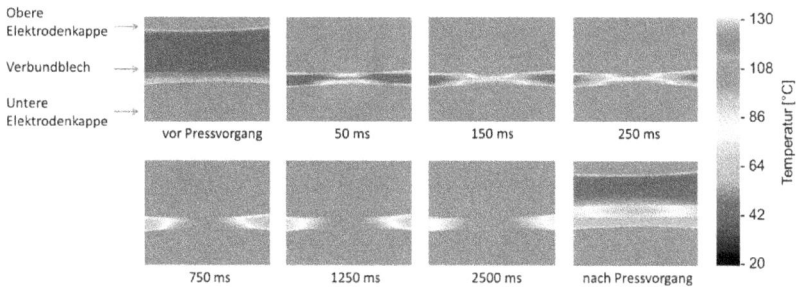

**Abbildung 52: Temperaturverteilung an der Fügestelle während des Verdrängungsprozesses**

Vor dem Pressvorgang besitzt das Verbundblech die Raumtemperatur von ca. 20 °C. Bei Berührung der Kappen mit dem Verbundblech stellt sich eine Erwärmung der Deckbleche ein. Die Erwärmung der Kunststoffschicht beginnt im Vergleich zu den Deckblechen zeitlich verzögert. Dies liegt in der relativ schlechten Wärmeleitfähigkeit des Polymers und der größeren Distanz zu den temperierten Kappen begründet. Der Wärmestrom in die Polymerlage wird zudem vom Wärmeübergangskoeffizienten (Stahl-Kunststoff) beeinflusst. Bei den verwendeten Parametern weist der Kunststoff nach ca. einer Sekunde nahezu die Temperatur der Elektrodenkappen auf. Die Erwärmung breitet sich radial nach außen aus. Nach dem Pressvorgang wird die zugeführte Wärme aus der Fügezone in das umgebende Verbundblech und an die Umgebung abgegeben.

Mit der Thermografie am Halbschnittmodell wird die qualitative Beurteilung des Wärmeflusses bei der Verdrängung der Polymerlage ermöglicht. Es können physikalische Werkstoffkenngrößen abgeschätzt werden. Die Methodik kann als Validierungsmöglichkeit für zukünftige Prozesssimulationen dienen.

**9.1.3. Flächenanteil des Kunststoffs im Kontaktbereich nach der Verdrängung**

Eine Voraussetzung für einen direkten Stromfluss senkrecht durch das Verbundblech ist der elektrische Kontakt der Metalldeckbleche. Dieser wird durch die partielle Verdrängung der Polymerkernschicht erzielt. Zur Bestimmung des Flächenanteils des Kunststoffs im Kontaktbereich nach dem Verdrängungsprozess wird das Verbundblech entsprechend der Abbildung 53 präpariert.

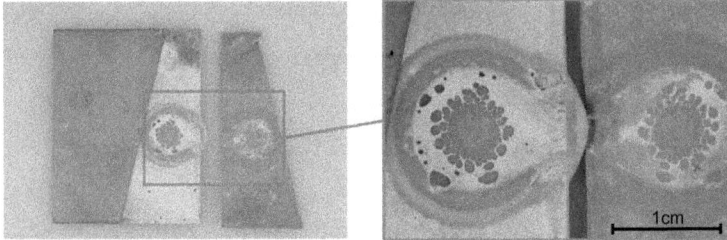

Abbildung 53: Verbundblechprobe für REM - Aufnahme

Ein Deckblech wird von der Polymerlage abgeschält. Die Innenseiten der Metalldeckbleche werden im Kontaktbereich mittels Rasterelektronenmikroskop (REM) untersucht. Die REM - Aufnahmen zeigen die Verdrängungszone mit aderartig verteiltem Restkunststoff (siehe Abbildung 54).

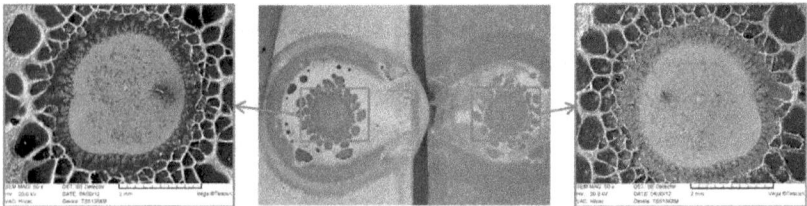

Abbildung 54: REM - Aufnahmen des Kontaktbereichs

Zur Analyse des Kunststoffflächenanteils in der Verdrängungszone wird ein binarisiertes REM-Bild verwendet. Der berechnete Flächenanteil wird in der Abbildung 55 grün dargestellt und beträgt 10,8 %.

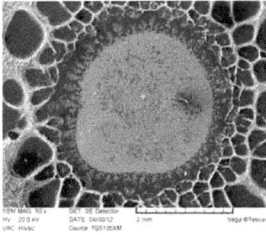

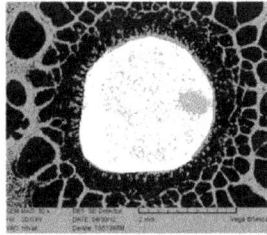

Grün: Kunststoff

Weiß: Zink

**Abbildung 55: Kunststoffanteil in der binarisierten REM - Aufnahme**

Die beiden Bereiche der Zinkoberfläche und des Restpolymers werden mittels einer EDX – Analyse untersucht. Die qualitativen Anteile der Elemente sind in der Abbildung 56 dargestellt.

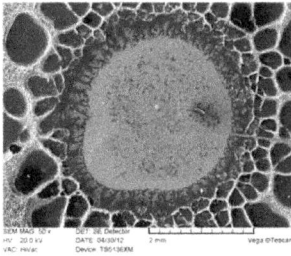

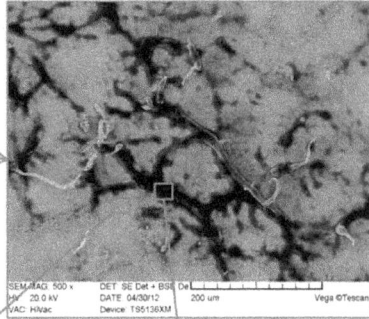

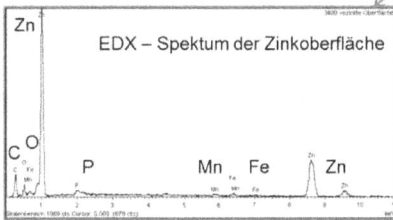

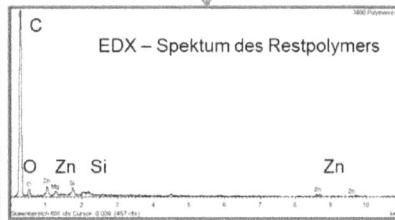

**Abbildung 56: EDX - Analyse von Zinkoberfläche und Restpolymer**

Die Verläufe zeigen eine deutliche Dominanz der Elemente Zink und Kohlenstoff in den jeweiligen Bereichen. Bei einem Kappenradius von 40 mm wird durch den Verdrängungsprozess eine kreisförmige Kontaktzone mit einem Durchmesser von ca. 3 mm erzielt. In ca. 90 % dieser Fläche befinden sich die Deckbleche in einem elektrischen Kontakt.

**9.1.4. Prozessparameter für adaptive Regelung und Qualitätssicherung**

Das Konzept einer adaptiven Regelung aus Kapitel 6.3 basiert auf einer an den Kappen angelegten Prüfspannung während des Verdrängungsprozesses. Diese liegt ab Beginn des Prozessschrittes an den Kappen an. Die gemessenen Spannungs- und Stromstärkenverläufe aus der Abbildung 57 zeigen eine deutliche Veränderung zum Zeitpunkt der Kontaktierung.

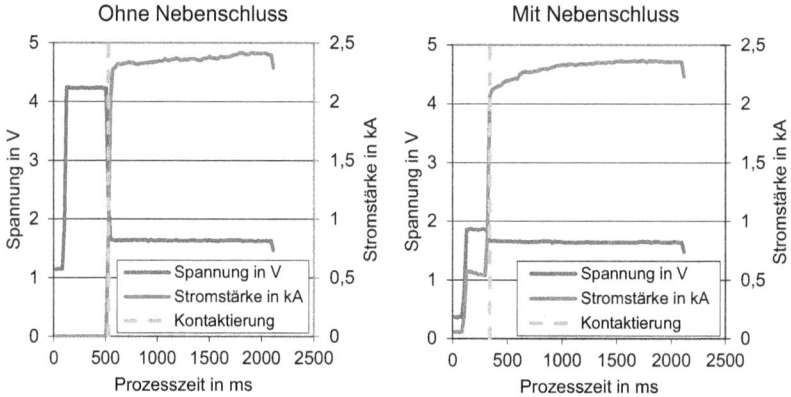

Abbildung 57: Abhängigkeit der U/I - Verläufe vom Nebenschluss

Ohne Nebenschluss wird das Spannungspotential von ca. 4,3 V von den Kappen auf die Deckbleche übertragen. Zum Zeitpunkt der Kontaktierung baut sich ein Stromfluss von ca. 2,3 kA auf. Infolge dessen bricht die Spannung auf ca. 1,6 V zusammen.

Mit einem Nebenschluss durch z.B. vorher verdrängte Punkte wird durch die Spannung sofort ein Strom von ca. 0,6 kA hervorgerufen. Zum Zeitpunkt der Kontaktierung steigt der Strom durch den kürzeren Strompfad auf 2,2 kA an. Die Spannung sinkt von 1,8 auf 1,6 V ab.

Die Änderungen in den Spannungs- und Stromstärkeverläufen können von heutigen Schweißsteuerungen überwacht und ausgewertet werden. Der Heizstrom wird nicht zu einem vorher festgelegten Zeitpunkt bzw. nach einer bestimmten Wartezeit gestartet. Die Erhitzung der Kappen kann in Echtzeit direkt nach der Kontaktierung der Deckbleche erfolgen.

Die auf den beschriebenen Messgrößen basierende adaptive Regelung ermöglicht es, den Heizstrom direkt im Anschluss an den Verdrängungsprozess einzuleiten. Die Prozesszeiten werden auf ein Minimum reduziert.

Durch eine Überwachung der Zeitspanne von abgeschlossenem Kraftaufbau bis zur Kontaktierung kann eine Qualitätssicherung des Verdrängungsprozesses realisiert werden. Diese Zeitspanne beträgt in der Abbildung 57 ohne Nebenschluss ca. 500 ms und mit Nebenschluss ca. 350 ms. Bei einer Überschreitung einer auf Erfahrungswerten basierenden und vorher festgelegten maximalen Prozessdauer (ca. 5000 ms) kann von einem Anlagen- oder Bauteilfehler ausgegangen werden. Dieser wird durch eine entsprechende Fehlermeldung signalisiert.

### 9.1.5. Einfluss Widerstandserwärmung auf die Verdrängungszone

Ein nach dem Verdrängungsprozess in das Verbundblech eingeleiteter elektrischer Strom zieht mehrere prozesstechnische Vorteile nach sich. Durch die elektrischen Stoff- und Übergangswiderstände kommt es zu einer Erwärmung der Metalldeckbleche und der Elektrodenkappen.

Die Abbildung 58 zeigt den Einfluss der Widerstandserwärmung auf die Verdrängungszone welche sich radial um die Fügestelle abzeichnet.

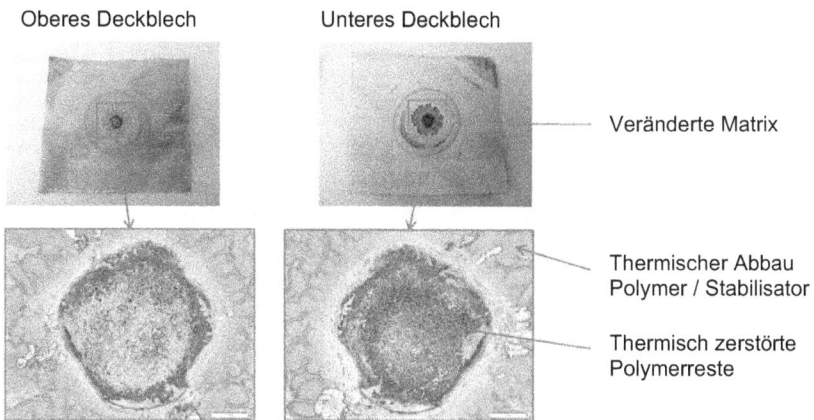

Abbildung 58: Einfluss der Widerstanderwärmung auf Verdrängungszone

Die Erhitzung führt zu einer thermischen Zerstörung der Polymerlage in der Verdrängungszone. Ein Zurückfließen der Kunststoffschmelze in die Kontaktzone nach dem Abheben der Elektrodenkappen wird vermieden. Weiterhin wird die Polymerlage lokal durch die Widerstandserwärmung verdampft und die Kontaktfläche vorteilhaft vergrößert. Bei der sich anschließenden ca. 3 mm breiten gelblichen Zone lässt die Färbung auf einen thermischen Abbau des Polymers oder von Bestandteilen wie dem verwendeten Stabilisator schließen. Weiterhin ist eine lokale

Veränderung in der Matrix bis zu einem Radius von ca. 10 mm erkennbar. Eine stark ausgeprägte Schädigung der Kunststoffschicht kann in der gelb gefärbten Zone nicht festgestellt werden. Jedoch besteht die Möglichkeit einer Veränderung der mechanischen Eigenschaften aufgrund der Abbauprodukte in diesem Bereich.

**9.1.6. Definierte Kappentemperaturerhöhung durch Widerstandserwärmung**
Ein weiterer Vorteil des Stromimpulses direkt nach dem Verdrängungsprozess ist die zusätzliche Wärmeerzeugung in der Elektrodenkappe. Dadurch ist es möglich die beim Verdrängungsprozess aus der Kappe abgeführte Wärmemenge unmittelbar im Anschluss der Kappe wieder zuzuführen. Ziel ist es, die Kappentemperatur unabhängig vom Betriebszustand der Schweißanlage nahezu konstant zu halten.

In der Abbildung 59 ist die Temperaturverteilung einer Elektrodenkappe (16 mm Durchmesser, 40 mm Kappenradius) über einen Verdrängungsprozess mit anschließendem Stromimpuls von 8 kA über 200 ms dargestellt.

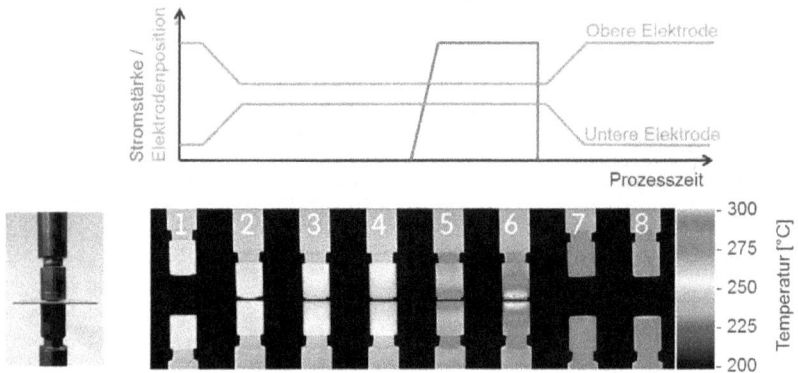

**Abbildung 59: Temperaturverteilung über den Kappen**

Die Ausgangstemperatur der Kappe beträgt ca. 255 °C. Abhängig von der Kappengeometrie und dem Temperaturunterschied zu dem Verbundblech kommt es zu einem Wärmestrom in das Verbundblech. Infolge dessen kühlt die Kappenspitze entsprechend der Teilbilder 1 bis 4 ab. Nach der Kontaktierung der Metalldeckbleche kommt es aufgrund des Stromflusses und der Materialwiderstände zu einer Erwärmung des Verbundblechs. Sobald im Verbundblech eine im Vergleich zu den Kappen höhere Temperatur vorherrscht, führt ein entgegengesetzter Wärmestrom zu einer Erwärmung der Kappen (Teilbild 5 und 6). Anschließend erfolgt ein Temperaturausgleich zwischen Kappe und Elektrodenschaft (Teilbild 7 und 8).

Die Zufuhr von Wärmeenergie in die Kappen ist vorrangig abhängig von der Stromstärke, Stromzeit und Kappengeometrie. Ziel ist ein Energieeintrag in definierter Höhe, damit beim nachfolgenden Verdrängungsprozess eine annähernd gleiche Ausgangstemperatur der Kappen gewährleistet ist. Um den Einfluss der Stromzeit auf die Kappentemperatur beurteilen zu können, wird der Temperaturverlauf an der Kappenspitze über den Verdrängungsprozess entsprechend der Abbildung 60 dargestellt. Die Stromzeit wird im Intervall von 0 bis 200 ms in 50 ms –Schrittweite variiert.

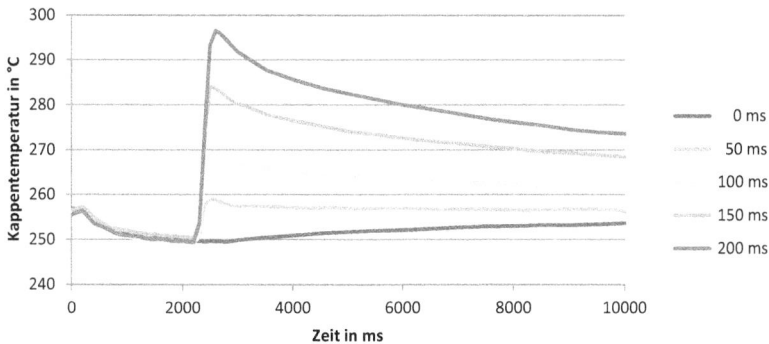

**Abbildung 60: Abhängigkeit der Kappentemperatur von der Stromzeit**

Mit einem Stromimpuls von 8 kA über 50 ms können die Elektrodenkappen unmittelbar nach dem Verdrängungsprozess auf die Ausgangstemperatur erhitzt werden.

Dadurch ist es möglich die Kappentemperatur unabhängig von der Anzahl der Arbeitsspiele in einer bestimmten Zeiteinheit auf konstanter Temperatur zu halten.

**9.1.7. Verschweißen der Deckbleche**

Zum Verschweißen der Metalldeckbleche ist es notwendig diese im Bereich der Fügeebene über die Schmelztemperatur von ca. 1530 °C zu erwärmen. Zu der ca. 250 °C warmen Elektrodenkappe besteht eine Temperaturdifferenz von ca. 1280 K und eine Distanz von 0,25 mm (entsprechend der Deckblechdicke). Der daraus resultierende hohe Temperaturgradient führt zu einem relativ hohen Wärmestrom von der Fügeebene in die Elektrodenkappe. Eine Schweißverbindung ist nur mittels hohen Stromdichten zu realisieren. Dabei muss zusätzlich mit relativ geringen Elektrodenkräften die Wärmeableitung minimiert werden. In diesen Parameterbereichen neigen die Elektrodenkappen zum Haften an den Bauteilen.

Aus diesem Grund wird das Fügen der Deckbleche mit dem Widerstandsschweißprozess im zweiten Prozessschritt realisiert.

## 9.2.  Fügen von Verbundblech mit höchstfestem Stahl

### 9.2.1.  Metallografische Untersuchung der erzeugten Fügeverbindungen

An den vorbearbeiteten Fügestellen ist die Polymerlage verdrängt und dadurch die Leitfähigkeit senkrecht durch das Verbundblech gegeben. Mittels eines anschließenden Widerstandschweißprozesses kann das Verbundblech mit anderen Stahlgüten oder auch mit sich selbst verschweißt werden. Der Fügeprozess wird mit einer konventionellen Mittelfrequenz-Schweißanlage durchgeführt.

Beim Widerstandspunktschweißen von steifigkeitsoptimierten Stahl-Kunststoff-Verbundblech mit formgehärtetem Stahl wird der Linsendurchmesser in der Fügeebene zwischen dem SSKV und dem formgehärteten Stahl sowie der Linsendurchmesser in der Fügeebene der Deckbleche ausgewertet. Zusätzlich werden die erzielten Einschweißtiefen in die drei Blechlagen ermittelt.

In der Abbildung 61 sind die Linsendurchmesser und Einschweißtiefen in Abhängigkeit von der Schweißstromstärke dargestellt (Werte nach Quelle [127]). Die Elektrodenkraft wird auf 2,0 kN und die Schweißzeit auf 300 ms konstant gehalten.

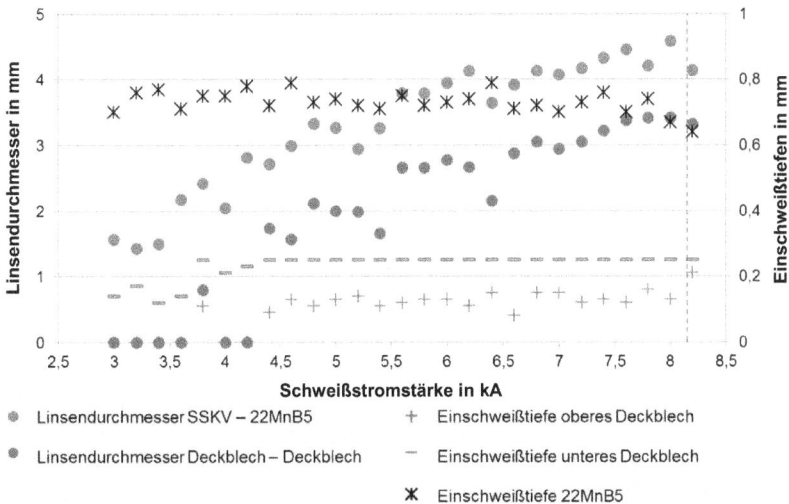

Abbildung 61: Linsendimensionen Verbundblech mit 1,0 mm 22MnB5+AS150

Bei der Kombination aus dem Verbundblech mit einem 1,0 mm dicken 22MnB5+AS150 wird der nach der Quelle [135] geforderte Mindestlinsendurchmesser von 1,75 mm ab einer Schweißstromstärke von 5,6 kA erreicht. Der Schweißbereich wird durch die Spritzergrenze bei 8,2 kA begrenzt und beträgt 2,6 kA. Das außenliegende Deckblech ist über den gesamten Schweißbereich angebunden.

Um Aussagen über Grenzblechdickenverhältnisse treffen zu können, wird die Blechdicke des formgehärteten Stahls variiert. In der Abbildung 62 sind die Linsendurchmesser und Einschweißtiefen der Kombination aus dem Verbundblech mit einem 1,5 mm dicken 22MnB5+AS150 dargestellt (Werte nach Quelle [127]).

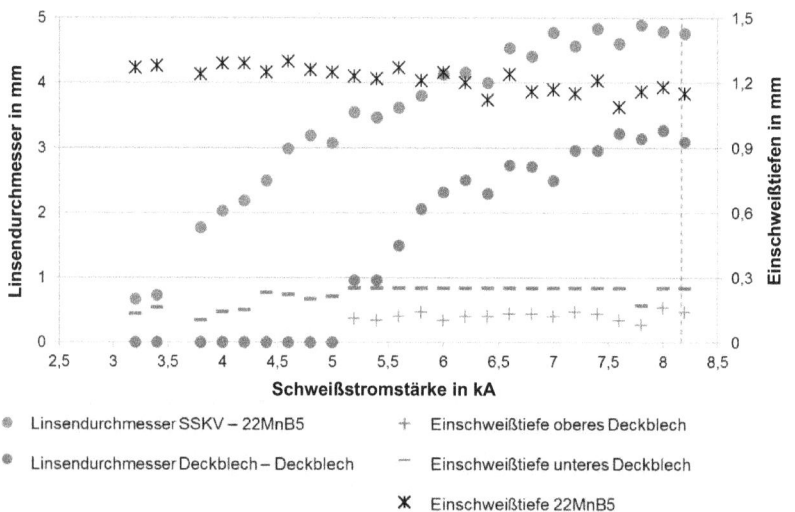

Werte von T. Möckel

**Abbildung 62: Linsendimensionen Verbundblech mit 1,5 mm 22MnB5+AS150**

Der Mindestlinsendurchmesser von 1,75 mm wird ab einer Schweißstromstärke von 5,8 kA erreicht. Der Schweißbereich wird durch die Spritzergrenze eingeschränkt und weist 2,4 kA auf. Die Deckbleche sind über den Schweißbereich angebunden.

In der Abbildung 63 sind die Linsendimensionen der Fügeverbindungen aus dem Verbundblech mit einem 2,0 mm dicken formgehärteten Stahl dargestellt (Werte nach Quelle [127]). Der Mindestlinsendurchmesser in der oberen Fügeebene kann nur unter starker Spritzerbildung erzielt werden. In der Fügeebene zwischen dem Verbundblech und dem Formhärtungsstahl können normgerechte Linsendurchmesser in einem Prozessfenster von 4,6 bis 7,2 kA realisiert werden.

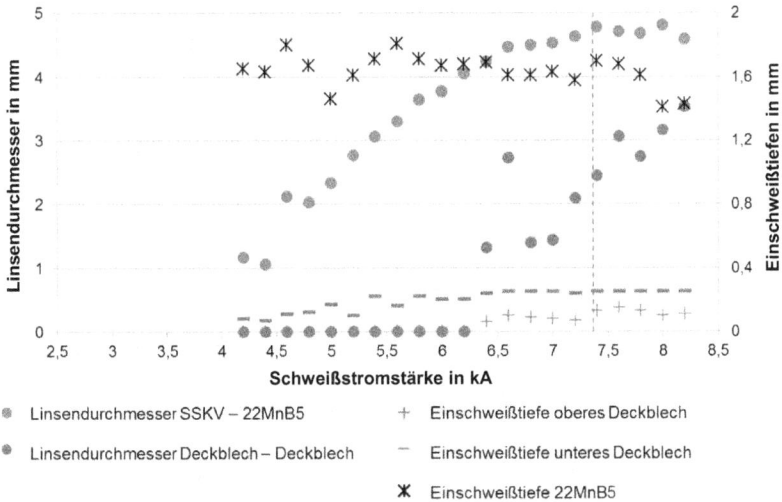

Werte von T. Möckel

**Abbildung 63: Linsendimensionen Verbundblech mit 2,0 mm 22MnB5+AS150**

Die Untersuchungen zeigen, dass mit zunehmender Blechdicke des formgehärteten Stahls die Schweißbereiche verkleinert werden. Die Anbindung beider Deckbleche ist bis zu 1,5 mm dickem 22MnB5+AS150 über das Mindestprozessfenster von 1,2 kA Schweißstromstärke möglich. Die Anbindung des unteren Deckblechs wird bei allen untersuchten Blechkombinationen prozesssicher erreicht.

Um eine vergleichsweise höhere Wärmeentwicklung im Verbundblech zu generieren, muss der zu Beginn der Schweißung hohe Kontaktwiderstand genutzt werden. Nach dem Joule'schen Gesetz steigt die eingebrachte Wärmemenge mit der Stromstärke quadratisch an. Eine ausreichende Anschmelzung des äußeren Deckblechs wird durch einen relativ hohen Vorimpuls erreicht.

Mit derart optimierten Prozessparametern kann eine Anbindung beider Deckbleche auch bei schwierigen Dreiblechverbindungen erzielt werden. In der Abbildung 64 ist ein Schliffbild einer Dreiblechkombination aus einem Verbundblech, einem 2,0 mm dicken 22MnB5+AS150 und einem 2,5 mm dicken H340+Z100MB dargestellt.

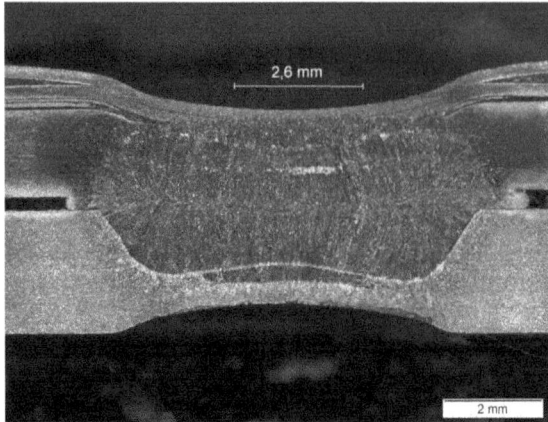

**Abbildung 64: Schliffbild einer Dreiblechkombination**

Der Mindestlinsendurchmesser ist in allen Fügeebenen erreicht. Die Schweißverbindung weist keine Poren oder Risse auf.

### 9.2.2. Visualisierung der Temperaturverteilung während des Schweißprozesses

In Kapitel 9.2.1 werden die Linsendimensionen in Abhängigkeit der Schweißstromstärke dargestellt. Mit zunehmender Materialdicke des formgehärteten Stahls verkleinern sich die Schweißbereiche bzw. die erzeugten Schweißlinsen.

Zur näheren Untersuchung werden die Blechkombinationen aus dem Verbundblech und dem formgehärteten Stahl thermografisch am Halbschnittmodell untersucht. Die Temperaturentwicklung wird über den Schweißprozess visualisiert. Die Ergebnisse dienen der qualitativen Beurteilung. Es erfolgt keine Kalibrierung auf Absoluttemperaturen.

Die Abbildung 65 zeigt die Temperaturentwicklung zu fünf ausgewählten Zeitpunkten über den Schweißprozess. Die Materialdicke des 22MnB5+AS150 wird von 1,0 mm, 1,5 mm und 2,0 mm variiert. Die Schweißzeit bleibt mit 300 ms unverändert. Die Elektrodenkraft wird für das Halbschnittmodell verringert und beträgt 1,0 kN. Zur Vermeidung starker Spritzerbildung wird eine relativ geringe Schweißstromstärke von 2,0 kA gewählt.

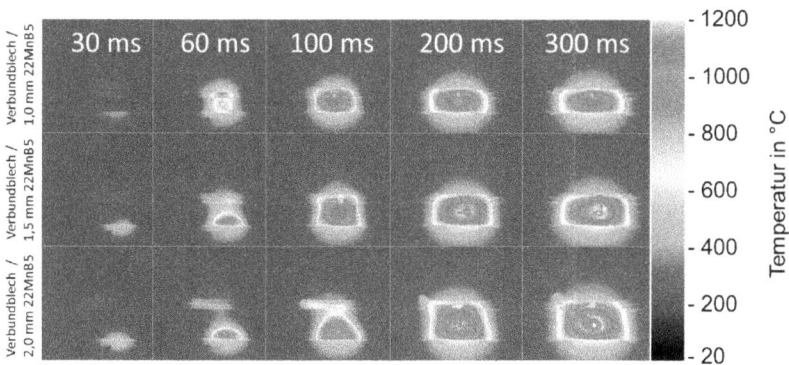

Abbildung 65: Thermografieaufnahmen beim Fügen von Verbundblech mit 22MnB5+AS150

Bei der oben dargestellten Fügeverbindung vollzieht sich die Erwärmung des Verbundblechs vergleichsweise schnell. Die mit höherer Temperatur ansteigenden Stoffwiderstände führen zu einem höheren Wärmeeintrag in das Verbundblech.

Bei den anderen Fügeverbindungen setzt die primäre Wärmeentwicklung bei 60 ms im unteren Bereich des formgehärteten Stahls, am Ort der höchsten Stromdichte, ein. Die Erwärmung des Verbundblechs fällt mit zunehmender Blechdicke des 22MnB5+AS150 geringer aus. Dies liegt in der geringeren Stromdichte (in den Fügeebenen) infolge des größeren Blechpakets begründet.

Zusätzlich ist die Wärmeableitung vom äußeren Deckblech im Vergleich zum formgehärteten Stahl in die jeweilige Schweißelektrode höher. Das dünnere und weiche Deckblech schmiegt sich an die Elektrodenkappe relativ gut an. Aufgrund der geringeren Stromdichte und hohen Wärmeableitung besitzt die obere Fügeebene die geringste Temperatur.

Der Ort der höchsten Temperatur bzw. der Beginn der Linsenbildung befindet sich in der Mitte des Blechpakets. Mit zunehmender Dicke des 22MnB5+AS150 setzt die Schmelzenbildung früher ein. Durch den größeren Abstand zur Elektrode verringert sich die Wärmeableitung aus der Mitte des Blechpakets.

Die vertikale Linsenausdehnung wird jedoch maßgeblich von der Stromdichte beeinflusst. Diese ist abhängig von der Schweißstromstärke, den Blechdicken und den zeitlichen Verläufen der Stoff- und Übergangswiderstände. Die zur Verbindungsausbildung notwendige Stromdichte sinkt an den Fügeebenen mit dickerem Blechpaket.

Bei allen Schweißungen tritt ein Temperatursprung vom äußeren zum inneren Deckblech auf. Durch die wassergekühlten Elektroden kommt es zu einer Wärmeableitung aus der Fügezone. Abhängig vom Wärmeübergangskoeffizienten zwischen den Deckblechen weist das innere Deckblech im Vergleich zum äußeren Deckblech eine stets höhere Temperatur auf. Dies begründet den relativ großen Parameterbereich in dem eine Anbindung des unteren Deckblechs mit dem formgehärteten Stahl realisiert werden kann.

Zum Verschweißen des äußeren Deckblechs ist es notwendig, diese im Bereich der Fügeebene über die Schmelztemperatur von ca. 1530 °C zu erwärmen. Zu der Elektrodenkappe besteht eine Temperaturdifferenz von ca. 1500 K und eine Distanz von 0,25 mm (entsprechend der Deckblechdicke). Der daraus resultierende hohe Temperaturgradient führt zu einem relativ hohen Wärmestrom von der Fügeebene in die Elektrodenkappe. Die Anbindung des äußeren Deckblechs ist abhängig von den Blechdickenverhältnissen in relativ geringen Parameterbereichen möglich.

Der seitlich austretende Kunststoff zeigt, dass die Polymerlage im Bereich der Fügezone über die Schmelztemperatur erwärmt wird.

### 9.2.3. Plausibilitätsprüfung mittels Prozesssimulationssoftware SORPAS®

Zur Validierung der mittels Thermografie gemessenen Erwärmungsverläufe wird die Prozesssimulationssoftware SORPAS® genutzt. Die Software ist u.a. in der Lage die Temperaturverteilung in der Fügezone über den Verlauf eines Widerstandspunktschweißprozesses zu berechnen.

In der Abbildung 66 ist der berechnete Erwärmungsverlauf der im vorherigen Kapitel betrachteten Werkstoffe dargestellt.

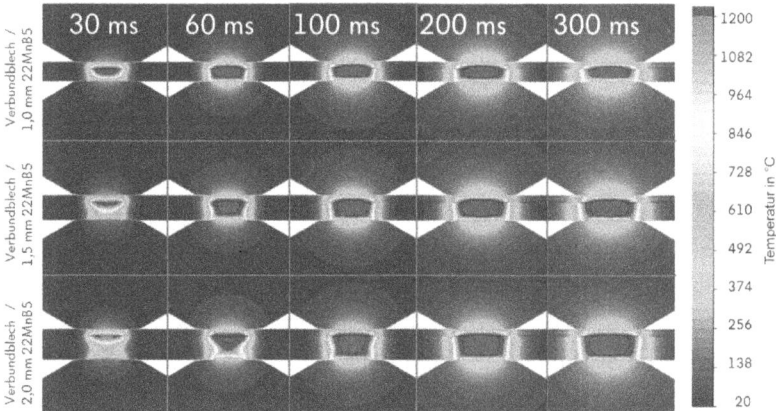

Abbildung 66: Berechneter Erwärmungsverlauf der relevanten Werkstoffkombinationen

Die Erwärmung der Fügezone beginnt bei allen drei Werkstoffkombinationen in der Mitte des Blechpakets bzw. in der Fügeebene. Im Vergleich zur Thermografiemessung werden schneller höhere Temperaturen erreicht.

In der Abbildung 67 werden die metallografisch ermittelten und die berechneten Linsendurchmesser über der Schweißstromstärke dargestellt. Betrachtet wird die Blechpaarung Verbundblech mit 1,5 mm dicken 22MnB5+AS150.

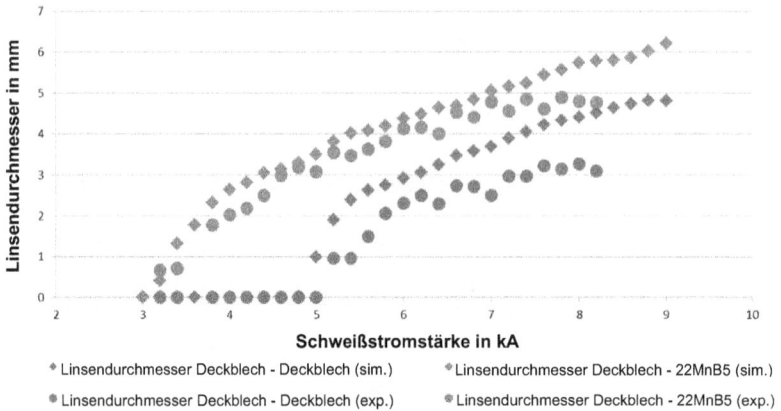

Y-Achse: Linsendurchmesser in mm
X-Achse: Schweißstromstärke in kA

◆ Linsendurchmesser Deckblech - Deckblech (sim.)    ◆ Linsendurchmesser Deckblech - 22MnB5 (sim.)
● Linsendurchmesser Deckblech - Deckblech (exp.)    ● Linsendurchmesser Deckblech - 22MnB5 (exp.)

**Abbildung 67: Vergleich experimentell ermittelter und berechneter Linsendurchmesser**

Es zeigt sich ein vergleichbarer Kurvenverlauf. Der berechnete Linsendurchmesser ist im Vergleich zum gemessenen Linsendurchmesser größer. Die Spritzergrenze liegt mit Schweißstromstärke von 9 kA relativ hoch.

Die Gegenüberstellung der experimentell ermittelten und berechneten Linsendurchmesser für die Blechpaarungen Verbundblech mit 1,0 und 2,0 mm dickem formgehärteten Stahl sind im Anhang A2 dargestellt.

Allgemein lässt sich eine gute Korrelation zwischen dem Messverfahren am Halbschnittmodell, der Simulationssoftware und den Ergebnissen der Metallografie feststellen. Die relativ geringen Abweichungen lassen sich wie folgt erklären:

Bei den real geschweißten Proben wird durch die Elektrodenkraft und Widerstandserwärmung im ersten Prozessschritt die Oberflächenrauheit eingeebnet und dadurch die Übergangswiderstände an beiden Deckblechen verringert. Dadurch entsteht im zweiten Prozessschritt eine geringere Widerstandserwärmung. Die verringerten Übergangswiderstände durch den vorgelagerten Verdrängungsprozess sind im Simulationsmodell nicht hinterlegt. Die berechnete Wärmeentwicklung und die Linsendurchmesser sind im Vergleich zu den realen Schweißungen größer.

Eine Optimierung des Simulationsmodells erfolgt in dieser Arbeit nicht.

## 9.2.4. Sensitivitätsanalyse

Für den Widerstandsschweißprozess ist es notwendig die robotergeführte Schweißanlage an den Verdrängungspunkten zu positionieren. Unter Fertigungsbedingungen kommt es aufgrund von Toleranzen der Bauteile, Spannvorrichtungen und Roboterperipherie zu Positionierungsabweichungen.

Bei der folgenden Untersuchung wird entsprechend der Abbildung 68 die Schweißposition in Bezug zur Verdrängungsposition in definierten Abständen versetzt.

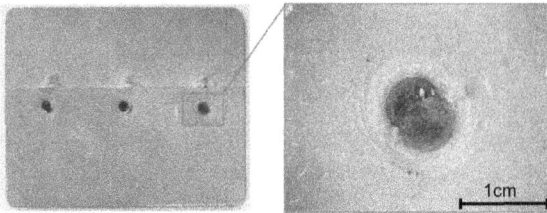

**Abbildung 68: Positionsabweichung**

Die Untersuchung wird an der Blechkombination aus dem Verbundblech und dem 1,0 mm dicken 22MnB5+AS150 durchgeführt. Die Abhängigkeit des Linsendurchmessers und der Einschweißtiefe von der Positionsabweichung ist in der Abbildung 69 dargestellt (Werte nach Quelle [127]).

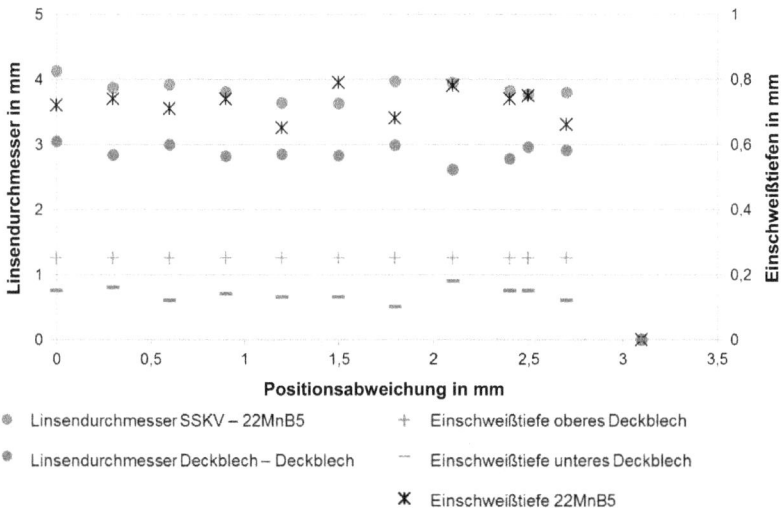

Werte von T. Möckel

**Abbildung 69: Linsendimensionen in Abhängigkeit von der Positionsabweichung**

Die Prozessfähigkeit ist bis zu einer Positionsabweichung von 2,6 mm gegeben. Bei einer größeren Abweichung kommt es zu einem indirekten Stromfluss über die Deckbleche des Verbundblechs. Die Abbildung 70 zeigt die Beschädigung der Deckbleche infolge der Überhitzung.

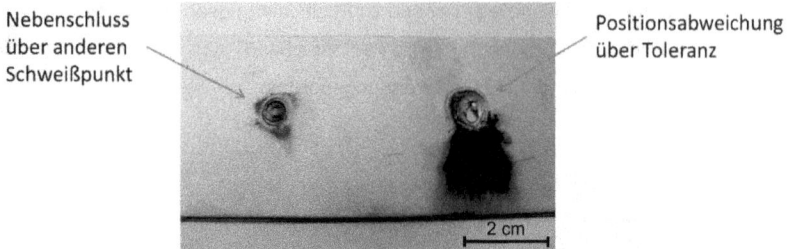

Abbildung 70: Beschädigung des Verbundblechs infolge zu großer Positionsabweichung

Der Kunststoff tritt aus und verbrennt unter dem Luftsauerstoff. Die Elektrodenkappen müssen nachbearbeitet werden. Zur Vermeidung derartiger Prozessstörungen und Bauteilbeschädigung wird anhand der Untersuchungsergebnisse eine Positioniertoleranz von maximal +/- 1,5 mm empfohlen.

Eine weitere Störgröße im Karosseriebau stellt die Zangenschrägstellung dar. Analog zur vorherigen Untersuchung wird in der Abbildung 71 die Abhängigkeit des Linsendurchmessers und der Einschweißtiefen von der Zangenschrägstellung dargestellt.

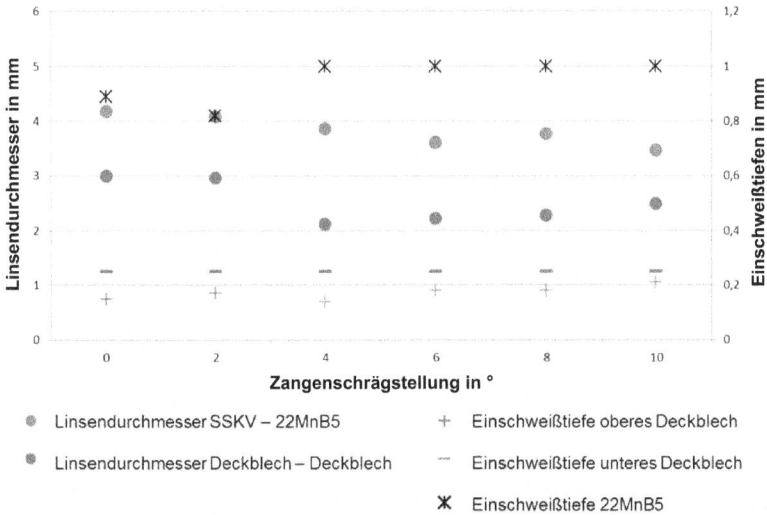

**Abbildung 71: Linsendimensionen über der Zangenschrägstellung**

Die Linsendimensionen erreichen bis zu einer Zangenschrägstellung von 10 ° die geforderten Mindestwerte. Ab einer Schrägstellung von 4 ° kommt es zu einer Spritzerbildung auf der Seite des formgehärteten Stahls. Die an der Elektrode austretende Stahlschmelze kann zu einem erhöhten Elektrodenverschleiß führen. Eine Zangenschrägstellung größer 4 ° gilt es zu vermeiden.

Zur Karosserieversteifung und –abdichtung findet das Widerstandspunktschweißen in Kombination mit einem Klebeverfahren Anwendung. Beim Punktschweißkleben wird der bei Raumtemperatur fließfähige Klebstoff in der Vorhaltezeit nahezu vollständig verdrängt. Anschließend erfolgt die Verbindungsausbildung durch eine Widerstandserwärmung. Beim ersten Schweißpunkt an einem Bauteil ist die Kontaktierung an der Fügestelle eine Voraussetzung für den Stromfluss. Die Verdrängung ist abhängig von den rheologischen Eigenschaften des Klebstoffs, der Flanschgeometrie und den Bauteilsteifigkeiten. Zur Ermittlung der notwendigen Elektrodenkraft werden Kontaktierungsversuche an der in der Abbildung 72 dargestellten Probengeometrie durchgeführt. In dieser Arbeit wird der Klebstoff Betamate 1480V verwendet.

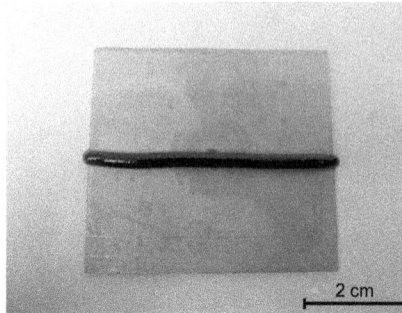

**Abbildung 72: Probengeometrie Klebstoffverdrängung**

An den 50 x 45 mm großen Verbundblechproben wird die Polymerkernschicht verdrängt. Die Kleberaupe mit einem Durchmesser von ca. 3 mm wird über die Probenbreite mittig über die Verdrängungszone aufgetragen.

Die Abhängigkeit der Kontaktierung von der Elektrodenkraft und Vorhaltezeit ist in der Abbildung 73 dargestellt (Werte nach Quelle [127]).

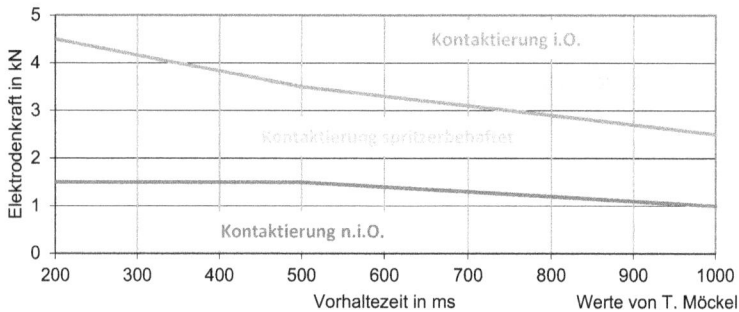

**Abbildung 73: Abhängigkeit der Klebstoffverdrängung von Elektrodenkraft und Vorhaltezeit**

Die Verdrängung des Klebstoffs und Kontaktierung der Bauteile wird durch eine höhere Elektrodenkraft und längere Vorhaltezeit begünstigt. Für das Punktschweißkleben wird in dieser Arbeit eine Elektrodenkraft von 3,5 kN und eine Vorhaltezeit von 1000 ms gewählt.

Die Abhängigkeit der Linsendimensionen von der um 1,5 kN erhöhten Elektrodenkraft ist in der Abbildung 74 dargestellt (Werte nach Quelle [127]).

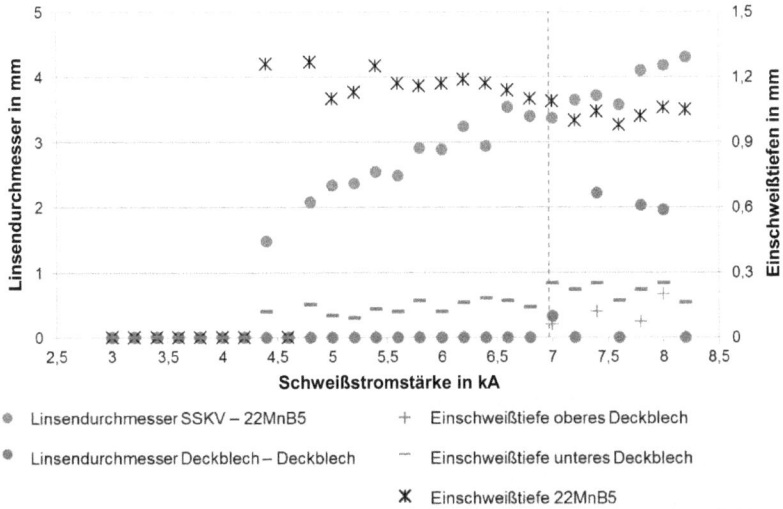

**Abbildung 74: Linsendimensionen Verbundblech mit 1,5 mm 22MnB5+AS150 (mit Klebstoff)**

Bei der Kombination aus dem Verbundblech und dem 1,5 mm dicken 22MnB5+AS150 verkleinern sich die Linsendurchmesser und die Einschweißtiefen mit einer um 1,5 kN erhöhten Elektrodenkraft von 3,5 kN. Die Anbindung der oberen Fügeebene ist nur mit starker Spritzerbildung zu erzielen. Der Mindestlinsendurchmesser an der Fügeebene zwischen dem Verbundblech und dem formgehärteten Stahl wird von 4,8 bis 6,8 kA Schweißstromstärke überschritten. Mit dem Einsatz von Klebstoff und der Notwendigkeit der erhöhten Elektrodenkraft werden die Schweißbereiche kleiner.

Die Erzeugung von tendenziell kleineren Schweißlinsen bei erhöhter Elektrodenkraft wird durch die mit einer höheren Flächenpressung begünstigte Kontaktierung zwischen Schweißelektroden und Bauteil begründet. Zum einen verringern sich die elektrischen Übergangswiderstände, was zu einer verringerten Wärmeerzeugung in der Fügezone führt. Zum anderen tritt eine höhere Wärmeableitung aus der Fügezone in die wassergekühlten Elektroden ein.

Aufgrund der prozesssicheren Anbindung des unteren Deckblechs über einen Schweißbereich von 2,2 kA kann eine sichere Fixierung der Bauteile bis zur Klebstoffaushärtung gewährleistet werden.

### 9.2.5. Prozessfähigkeitsuntersuchung

Die Elektrodenkappen unterliegen beim Schweißprozess hohen mechanischen und thermischen Belastungen. Zur Gewährleistung den Anforderungen genügender Schweißverbindungen werden die Kappen in bestimmten Intervallen nachbearbeitet. In der Automobilfertigung werden die Elektrodenkappen im Mittel alle 120 Punkte gefräst.

Zur Gewährleistung der Verbindungsgüte über einen Fräszyklus werden 186 Fügestellen verschweißt und metallografisch ausgewertet. Als Fügepartner werden ein Verbundblech und ein 1,0 mm dicker 22MnB5+AS150 gewählt. Die Probengeometrie der Verbundblechproben ist in der Abbildung 75 dargestellt.

Abbildung 75: Probengeometrie für Prozessfähigkeitsuntersuchung

Die erzielten Linsendurchmesser und Einschweißtiefen der 186 Schweißungen sind in der Abbildung 76 dargestellt (Werte nach Quelle [127]).

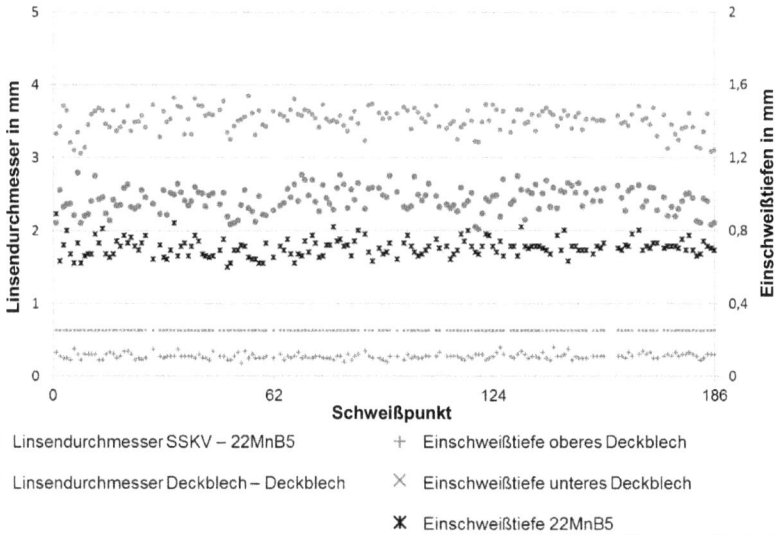

**Abbildung 76: Linsendimensionen der 186 Punktschweißungen**

Die Linsendimensionen weisen über den Probenumfang relativ stabile Werte auf. Der Mindestlinsendurchmesser von 1,75 mm wird stets erreicht. Eine Anbindung des oberen Deckblechs ist gegeben. Die Qualität der Fügeverbindung ist aufgrund der stabilen Verbindungsausbildung über den Standardfräszyklus von 120 Schweißpunkten gegeben.

Die Auswertung der zugehörigen Spannungs- bzw. Widerstandsverläufe hinsichtlich Prozesssicherheit und Qualitätssicherung wird in Kapitel 11 diskutiert.

## 9.3.  Fügen von Verbundblech mit Verbundblech

### 9.3.1.  Metallografische Untersuchung der erzeugten Fügeverbindungen

Durch das in dieser Arbeit entwickelte Fügeverfahren ist es möglich mehrere Verbundblechbauteile miteinander zu verschweißen. Bei jedem Verbundblechbauteil wird die Polymerlage an der Fügestelle verdrängt. Anschließend wird die Fügeverbindung durch einen konventionellen Widerstandsschweißprozess erzeugt. Die Linsendurchmesser und Einschweißtiefen einer Zweiblechverbindung sind in Abhängigkeit von der Schweißstromstärke in der Abbildung 77 dargestellt (Werte nach Quelle [127]). Es wird eine Elektrodenkraft von 2 kN und eine Schweißzeit von 300 ms verwendet.

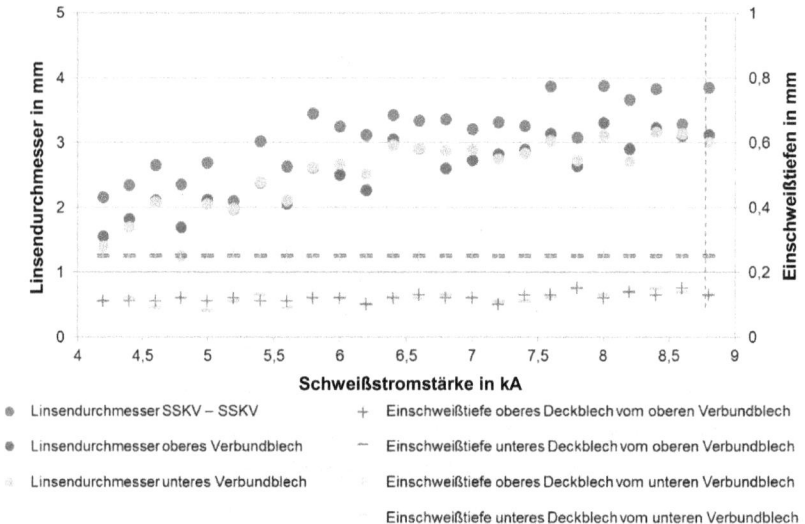

Linsendurchmesser SSKV – SSKV                     + Einschweißtiefe oberes Deckblech vom oberen Verbundblech

Linsendurchmesser oberes Verbundblech            − Einschweißtiefe unteres Deckblech vom oberen Verbundblech

Linsendurchmesser unteres Verbundblech             Einschweißtiefe oberes Deckblech vom unteren Verbundblech

Einschweißtiefe unteres Deckblech vom unteren Verbundblech

Werte von T. Möckel

**Abbildung 77: Linsendimensionen Verbundblech mit Verbundblech**

Die Mindestlinsendurchmesser werden ab einer Schweißstromstärke von 5,0 kA in allen Fügeebenen erzielt. Der Schweißbereich von 3,6 kA wird durch ein Haften der Elektrodenkappen an den Fügeteilen bei 8,6 kA begrenzt. Die beiden äußeren Deckbleche werden über den gesamten Schweißbereich angebunden. Die Einschweißtiefen betragen ca. 0,1 bis 0,17 mm.

## 9.3.2. Visualisierung der Temperaturverteilung während des Schweißprozesses

Zur Visualisierung der Temperaturentwicklung über den Schweißprozess werden thermografische Untersuchungen am Halbschnittmodell durchgeführt. Die Fügepaarung besteht aus zwei Verbundblechen. Die Elektrodenkraft wird für das Halbschnittmodell halbiert und beträgt 1,0 kN. In der Abbildung 78 wird der Temperaturverlauf zu acht ausgewählten Zeitpunkten über die Schweißzeit von 300 ms dargestellt. Die Schweißstromstärke beträgt 3,5 kA.

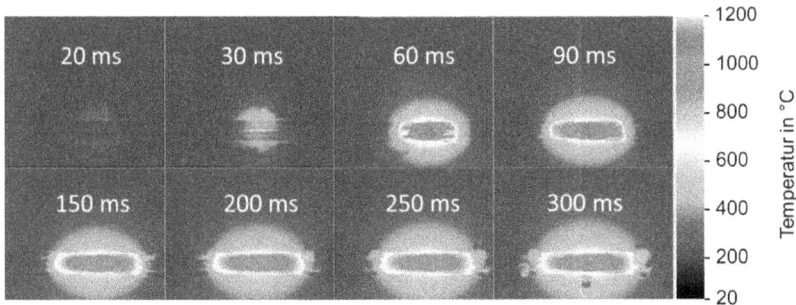

**Abbildung 78: Temperaturverlauf beim Fügen von Verbundblech mit Verbundblech**

Das Blechpaket ist in Bezug zur Fügeebene symmetrisch aufgebaut. Entsprechend bildet sich die Temperaturentwicklung aus. Nach 30 ms Schweißzeit weist die mittlere Fügeebene die größte Temperaturentwicklung auf. Trotz der höheren Stromdichte an den äußeren Fügeebenen ist in diesen Zonen keine höhere Temperatur im Vergleich zur mittleren Fügeebene zu verzeichnen. Infolge des Stromflusses nach dem Verdrängungsprozess werden die Oberflächenrauheiten eingeebnet. Die äußeren Fügeebenen besitzen dadurch vergleichsweise geringere Übergangswiderstände.

Die Schmelzenbildung setzt mittig im Blechpaket ein. Aufgrund der geringen Dicke des Blechpakets von 1,0 mm werden bei der Blechverbindung hohe Stromdichten erzielt. Die Anbindung der äußeren Deckbleche kann daher über einen großen Parameterbereich erzielt werden.

### 9.3.3. Sensitivitätsanalyse

Vor dem konventionellen Widerstandspunktschweißen wird die Polymerkernschicht an den Fügestellen beider Verbundblechbauteile mittels temperierten Elektrodenkappen verdrängt. Unabhängig von der zu fügenden Blechkombination kommt es bei der Kombination aus zwei Verbundblechbauteilen zu Positionsabweichungen. Der Fokus der Untersuchungen liegt analog zu Kapitel 9.2.4 auf dem Punktversatz und der Zangenschrägstellung. Die Abhängigkeit des Linsendurchmessers und der Einschweißtiefe von der Positionsabweichung ist in der Abbildung 79 dargestellt.

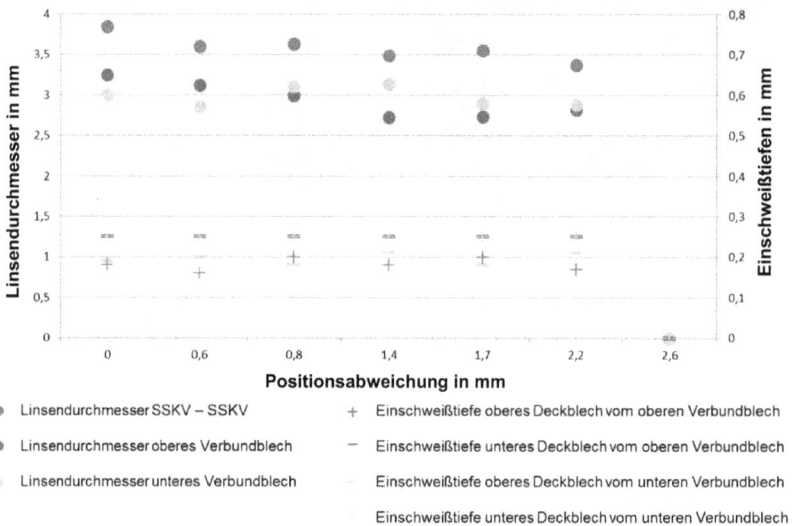

Werte von T. Möckel

**Abbildung 79: Linsendimensionen über der Positionsabweichung**

Die Prozessfähigkeit ist bis zu einer Positionsabweichung von 2,2 mm gegeben. Bei einer größeren Abweichung kommt es zu einer Beschädigung der Deckbleche. Durch einen indirekten Stromfluss kommt es entsprechend der Abbildung 80 zu einer Überhitzung und zu einem Durchbrand der Deckbleche des Verbundblechs.

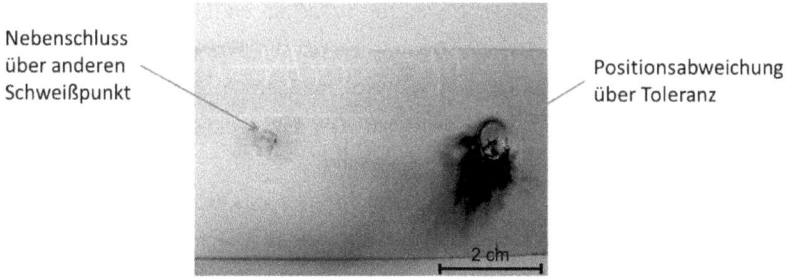

**Abbildung 80: Beschädigung der Verbundbleche infolge zu großer Positionsabweichung**

Der Kunststoff tritt aus und verbrennt unter dem Luftsauerstoff. Die Elektrodenkappen müssen nachbearbeitet werden. Zur Vermeidung derartiger Prozessstörungen und Bauteilbeschädigungen wird anhand der Untersuchungsergebnisse eine Positioniertoleranz von maximal +/- 1,5 mm empfohlen.

Eine weitere Störgröße im Karosseriebau stellt die Zangenschrägstellung dar. Analog zur vorherigen Untersuchung wird in der Abbildung 81 die Abhängigkeit des Linsendurchmessers und der Einschweißtiefen von der Zangenschrägstellung dargestellt.

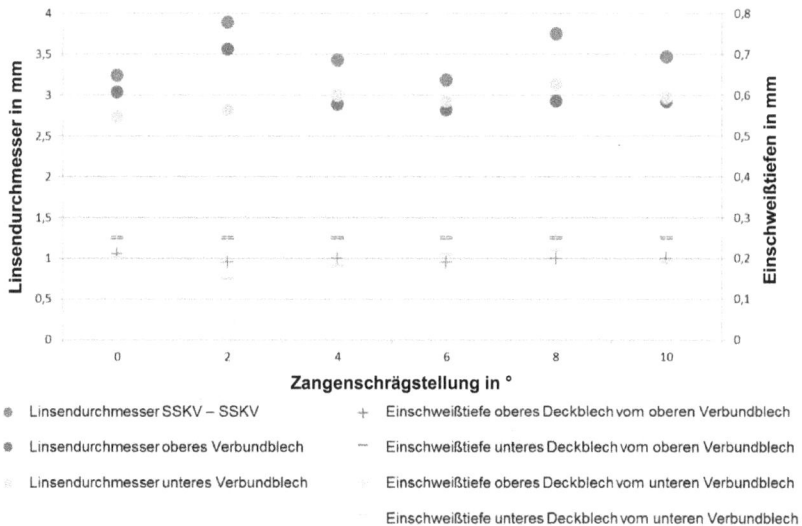

- ● Linsendurchmesser SSKV – SSKV
- ● Linsendurchmesser oberes Verbundblech
- ● Linsendurchmesser unteres Verbundblech
- + Einschweißtiefe oberes Deckblech vom oberen Verbundblech
- − Einschweißtiefe unteres Deckblech vom oberen Verbundblech
- Einschweißtiefe oberes Deckblech vom unteren Verbundblech
- Einschweißtiefe unteres Deckblech vom unteren Verbundblech

**Abbildung 81: Linsendimensionen über der Zangenschrägstellung**

Bis zu einer Zangenschrägstellung von 10 ° erreichen die Linsendimensionen die geforderten Mindestwerte. Die vier Deckbleche passen sich der Kappengeometrie an. Durch die Zangenschrägstellung wird maßgeblich die Ausrichtung der Schweißlinse in der Fügestelle beeinflusst. Die Linsendimensionen bleiben mit zunehmender Schrägstellung nahezu unverändert.

Beim Punktschweißkleben einer Zweiblechkombination aus dem Verbundblech muss eine erhöhte Elektrodenkraft von 3,5 kN gewählt werden. Durch die Verdrängung des Klebstoffs wird der elektrische Kontakt zwischen den Verbundblechen erreicht. Die erzielten Linsendurchmesser und Einschweißtiefen sind in der Abbildung 82 dargestellt (Werte nach Quelle [127]).

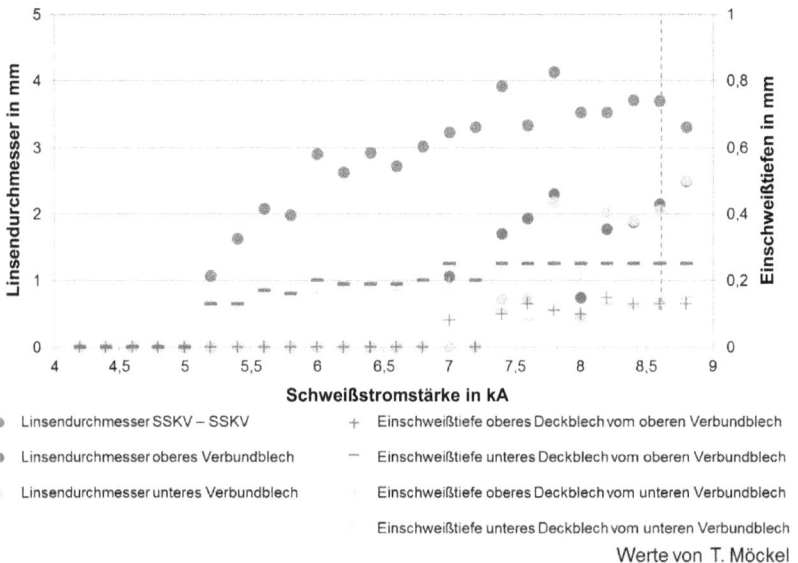

Werte von T. Möckel

**Abbildung 82: Linsendimensionen Verbundblech mit Verbundblech (mit Klebstoff)**

Der Mindestlinsendurchmesser in der mittleren Fügeebene wird ab einer Schweißstromstärke von 5,6 kA erreicht. Der Schweißbereich wird nach oben durch ein Haften der Elektrodenkappen an den Fügepartnern bei 8,6 kA begrenzt. Eine Anbindung der äußeren Deckbleche wird in einem Schweißstrombereich von 8,2 bis 8,6 kA erzielt.

Aufgrund der höheren Elektrodenkraft werden die Kontaktwiderstände verringert und die Wärmeableitung in die Elektrodenkappen begünstigt. Folglich wird die vertikale Linsenausdehnung vermindert. Der Schweißbereich verringert sich entsprechend.

## 9.4. Technologische Eigenschaften erzeugter Fügeverbindungen

### 9.4.1. Tragverhalten unter quasistatischer und schwingender Belastung

Die Verbindungsfestigkeiten der erzeugten Widerstandspunktschweißungen werden mittels zerstörender Prüfverfahren ermittelt. Es werden Untersuchungen bei quasistatischer und schwingender Belastung durchgeführt. Die quasistatischen Scher- und Schälzugkräfte werden in Anlehnung an die Quellen [130] und [131] ermittelt. Die Probengeometrien sind in der Abbildung 83 dargestellt. Der Schweißpunkt wird mittig auf dem Überlappstoß positioniert. Die freie Länge zwischen den Einspannbacken beträgt 100 mm.

Abbildung 83: Schematische Darstellung der Scher- und Schälzugprobe

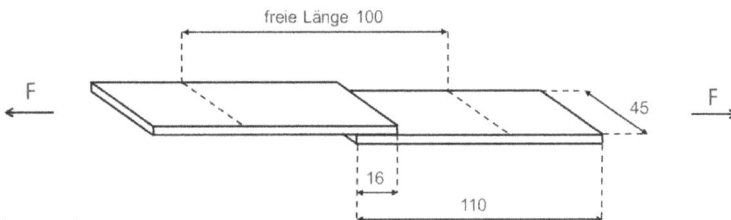

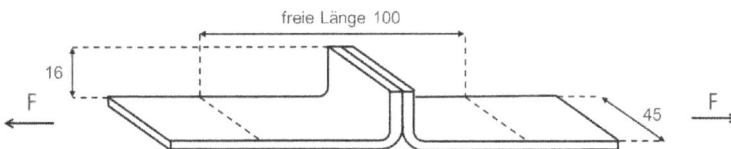

Alle untersuchten Zugproben weisen eine für den Karosseriebau übliche Flanschbreite von 16 mm auf. Die ermittelten Scherzugkräfte der Fügeverbindung Verbundblech mit 1,5 mm dickem 22MnB5+AS150 sind in Abhängigkeit der Schweißstromstärke in der Abbildung 84 dargestellt (Werte nach Quelle [127]).

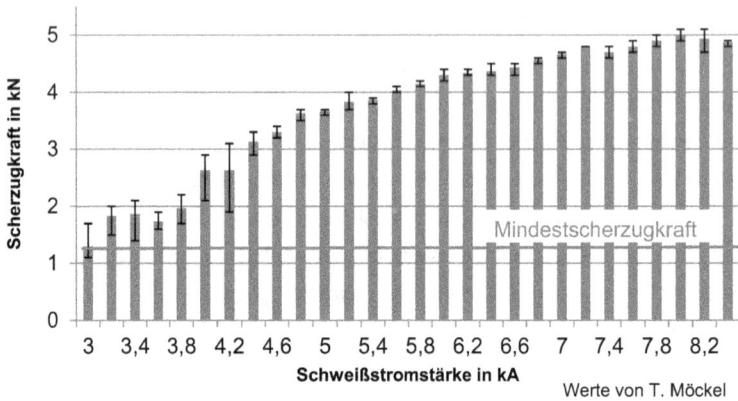

Abbildung 84: Scherzugkraft Verbundblech - 1,5 mm 22MnB5+AS150

Mit zunehmender Schweißstromstärke steigt die Scherzugkraft von ca. 1,3 bis 5,0 kN an. Es zeigt sich eine Korrelation der Festigkeit mit dem Linsendurchmesser in der Fügeebene zwischen Verbundblech und formgehärtetem Stahl (siehe Kapitel 9.2.1., Abbildung 62). Die statistische Absicherung zeigt eine vergleichsweise erhöhte Schwankung unter 5,2 kA. Bis zu dieser Schweißstromstärke wird keine Anbindung des oberen Deckblechs erzielt.

Die Scherzugkräfte der Fügeverbindung aus Verbundblech mit Verbundblech sind in Abhängigkeit der Schweißstromstärke in Abbildung 85 dargestellt (Werte nach Quelle [127]).

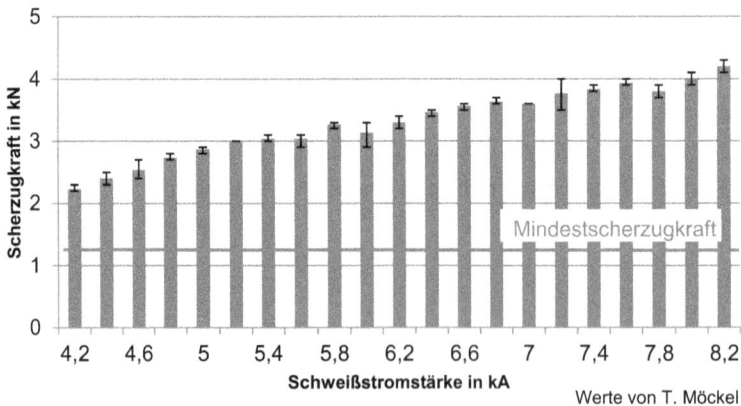

Abbildung 85: Scherzugkraft Verbundblech – Verbundblech

Die Scherzugkraft steigt kontinuierlich von ca. 4,2 bis 8,2 kN an. Es zeigt sich ebenfalls eine Korrelation der erzielten Festigkeit mit dem Linsendurchmesser in der unteren Fügeebene (siehe Kapitel 9.3.1., Abbildung 77). Die äußeren Deckbleche sind über den betrachteten Bereich angebunden. Die statistische Absicherung zeigt eine gute Reproduzierbarkeit.

Bei den Fügeverbindungen aus dem Verbundblech mit formgehärtetem Stahl und Verbundblech mit sich selbst versagen die Scherzugproben durch Ausknöpfbrüche. In der Abbildung 86 sind exemplarisch zwei zerstörte Proben der beiden Fügeverbindungen dargestellt.

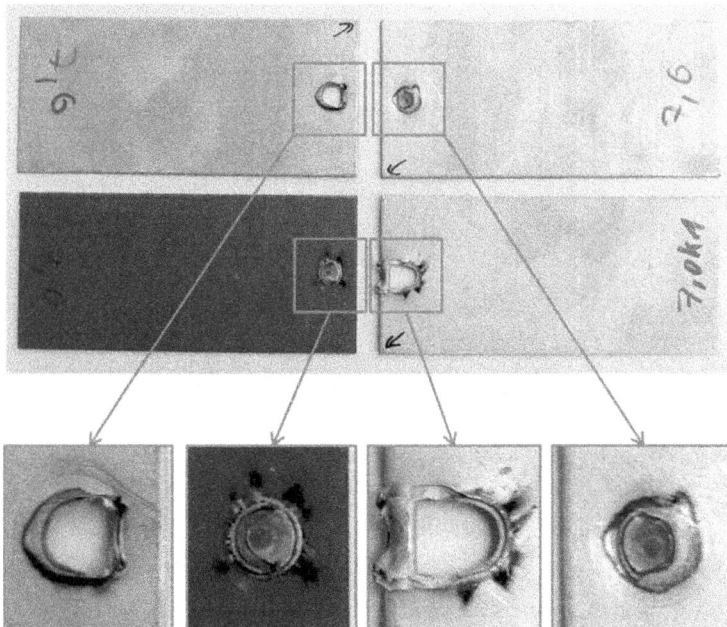

Abbildung 86: Zerstörte Scherzugproben ohne Klebstoff

In der Abbildung 87 sind die Scherzugkräfte der Fügeverbindung aus Verbundblech mit dem 1,5 mm dicken 22MnB5+AS150 mit Klebstoff über der Schweißstromstärke dargestellt (Werte nach Quelle [127]). Der Klebstoff wird raupenförmig auf den Fügeflansch aufgetragen und ausgehärtet.

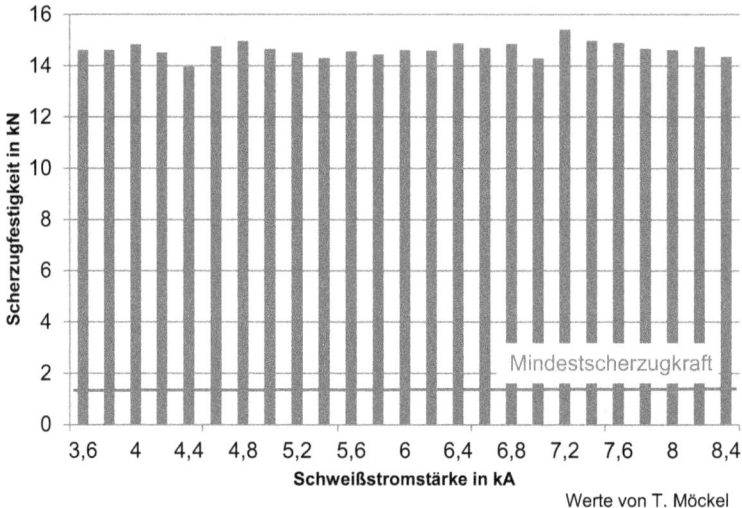

Werte von T. Möckel

**Abbildung 87: Scherzugkraft Verbundblech mit 1,5 mm 22MnB5+AS150 (mit Klebstoff)**

Die erzielte Scherzugkraft liegt unabhängig von der Schweißstromstärke zwischen ca. 13,8 und 15,2 kA. Die Belastung wird über die gesamte Flanschfläche vom Klebstoff übertragen. Die Schweißstromstärke bzw. der Linsendurchmesser zeigt keinen signifikanten Einfluss. Auf eine statistische Absicherung wird verzichtet.

Die Fügeverbindungen versagen entsprechend der Abbildung 88 durch einen Bruch mit Kohäsions- und Adhäsionsanteilen am Verbundblech.

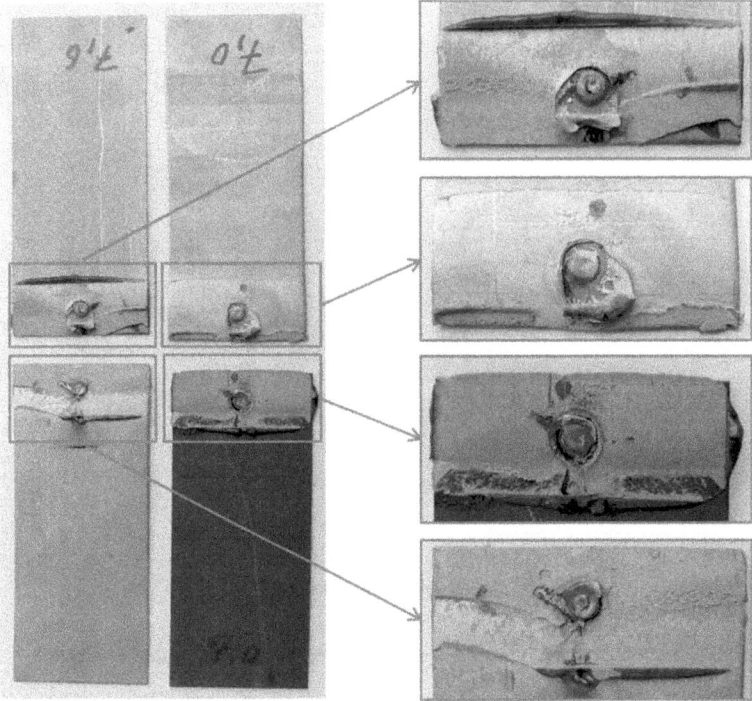

Abbildung 88: Zerstörte Scherzugproben mit Klebstoff

In Karosseriekonstruktionen werden die Fügeverbindungen teilweise schälender Belastung ausgesetzt. In der Abbildung 89 werden die Schälzugkräfte der Fügeverbindung Verbundblech mit 1,5 mm dickem 22MnB5+AS150 in Abhängigkeit von der Schweißstromstärke dargestellt.

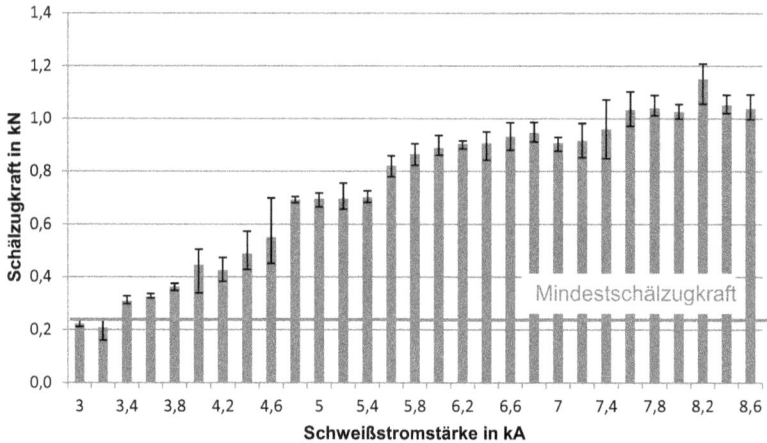

**Abbildung 89: Schälzugkraft Verbundblech mit 1,5 mm 22MnB5+AS150 (ohne Klebstoff)**

Die erzielte Schälzugkraft zeigt eine Korrelation mit den jeweiligen Linsendurchmessern. Die geforderte Mindestschälzugkraft von 0,24 kN wird ab einer Schweißstromstärke von 3,4 kA erreicht. Bei einer Anbindung des äußeren Deckblechs werden ab 5,2 kA Schälzugkräfte von ca. 0,7 bis 1,1 kN erzielt. Die statistische Absicherung zeigt eine stabile Reproduzierbarkeit.

Zu einer weiteren Steigerung der Verbindungsfestigkeiten kann das Widerstandspunktschweißen mit einem Klebeverfahren kombiniert werden. Die erzielten Schälzugkräfte von Punktschweißklebeverbindungen aus dem Verbundblech mit dem 1,5 mm dicken 22MnB5+AS150 werden in der Abbildung 90 dargestellt.

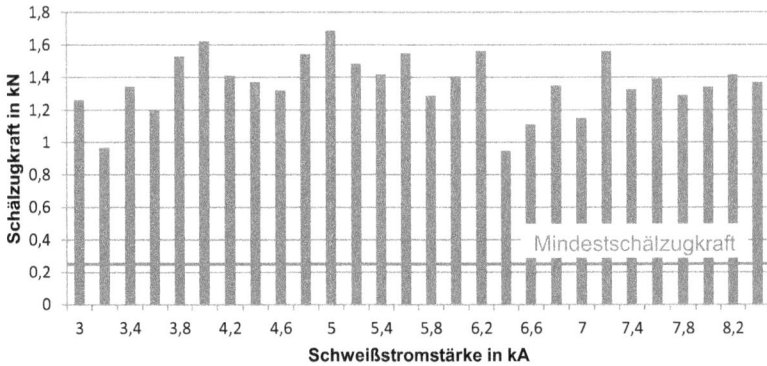

Abbildung 90: Schälzugkraft Verbundblech mit 1,5 mm 22MnB5+AS150 (mit Klebstoff)

Die erzielte Schälzugkraft liegt unabhängig von der Schweißstromstärke zwischen 0,9 und 1,7 kN. Die Fügeverbindung versagt durch einen Bruch mit Adhäsions- und Kohäsionsanteilen. In der Abbildung 91 wird jeweils eine zerstörte Probe mit und ohne Klebstoff dargestellt.

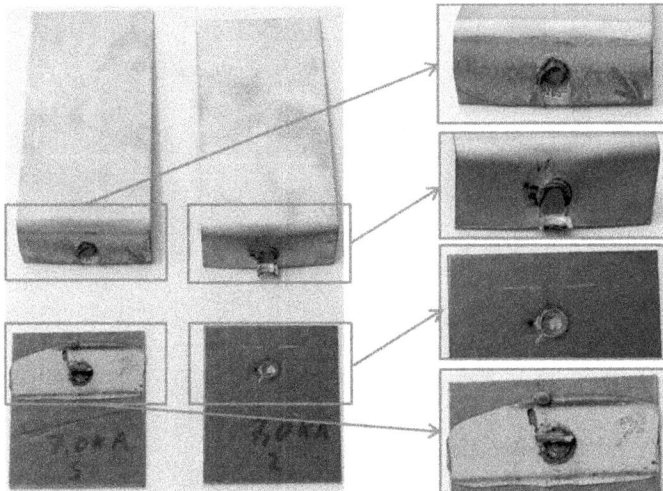

Abbildung 91: Zerstörte Schälzugproben Verbundblech mit formgehärtetem Stahl

Die Proben versagen durch Ausknöpfbrüche, teilweise unter Fahnenbildung.

In der Abbildung 92 wird die erzielte Schälzugkraft der Fügeverbindung aus
Verbundblech mit Verbundblech über der Schweißstromstärke dargestellt.

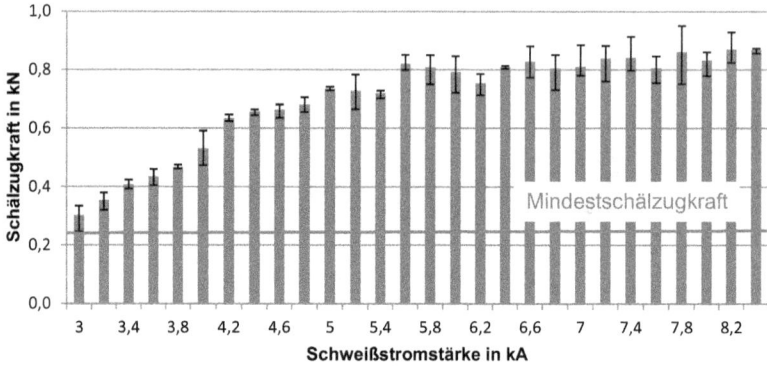

Abbildung 92: Schälzugkraft Verbundblech mit Verbundblech (ohne Klebstoff)

Es zeigt sich eine Korrelation zwischen Linsendurchmesser und erzielter
Schälzugkraft. Die Mindestschälzugkraft wird über den betrachteten
Schweißstrombereich erzielt. Die Schälzugproben versagen durch einen
Ausknöpfbruch mit Fahnenbildung. Eine weitere Steigerung der übertragbaren
Schälzugkraft ist durch den Einsatz von Klebstoff möglich. Die erzielten
Schälzugfestigkeiten sind in der Abbildung 93 über der Schweißstromstärke
dargestellt.

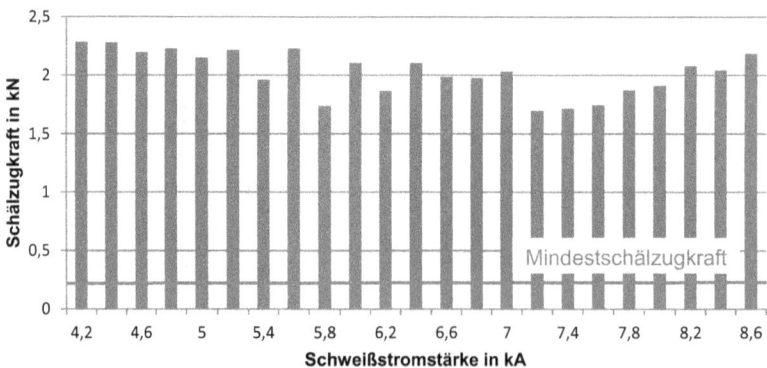

Abbildung 93: Schälzugfestigkeit Verbundblech – Verbundblech (mit Klebstoff)

Die Schälzugproben weisen Bruchkräfte von 1,7 bis 2,3 kN unabhängig von der Schweißstromstärke auf. Die zerstörten Proben werden jeweils mit und ohne Klebstoff in der Abbildung 94 dargestellt.

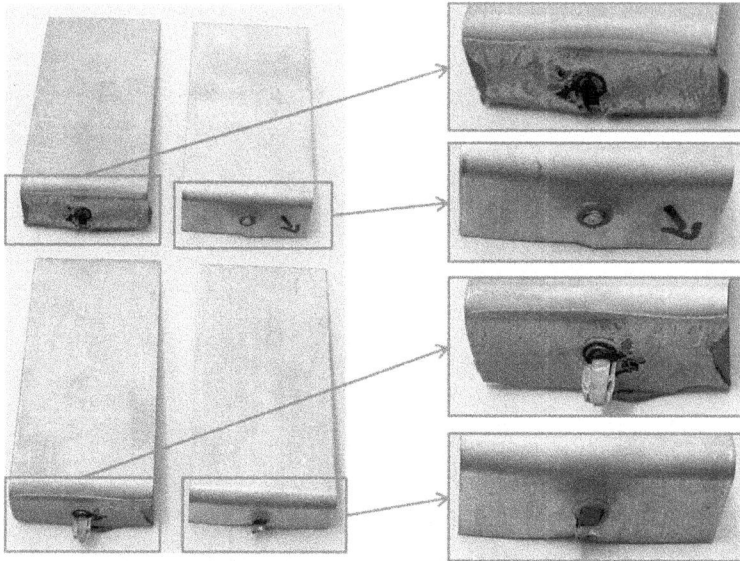

**Abbildung 94: Zerstörte Schälzugproben Verbundblech mit Verbundblech**

Die Klebeverbindung versagt durch einen Bruch mit Adhäsions- und Kohäsionsanteilen. An den ausgeknöpften Schweißpunkten kommt es zu einer Fahnenbildung.

Die Schwingfestigkeit der erzeugten Fügeverbindungen unter Scherbeanspruchung wird in Anlehnung an die Quellen [132] und [133] ermittelt. Es werden dazu H-Proben der Blechkombinationen Verbundblech mit formgehärtetem Stahl und Verbundblech mit sich selbst angefertigt. Die Ergebnisse dienen einer ersten Abschätzung der Tragfähigkeit der in dieser Arbeit erzeugten Fügeverbindungen. Weitere die Verbindungsfestigkeit beeinflussende Faktoren, wie z.B. Schweißparameter, Werkstoffe, Blechdicke oder Fertigungsfehler, werden in dieser Arbeit nicht betrachtet.

Als Auswerteverfahren wird das Perlschnurverfahren gewählt. Um ein Ausknicken der Proben zu vermeiden, wird ein Spannungsverhältnis von R = 0,1 gewählt. Es wird von einer Grenzlastspielzahl von $2*10^6$ für Durchläufer ausgegangen. Die Prüffrequenz liegt bei ca. 100 Hz. In der Abbildung 95 werden die ertragenen Lastspiele in Abhängigkeit der Kraftniveaus dargestellt.

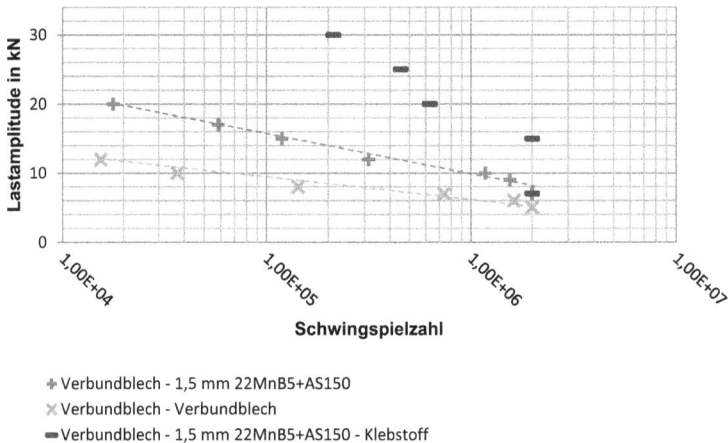

+ Verbundblech - 1,5 mm 22MnB5+AS150
× Verbundblech - Verbundblech
▬ Verbundblech - 1,5 mm 22MnB5+AS150 - Klebstoff

**Abbildung 95: Schwingfestigkeit der erzeugten Fügeverbindungen**

Die Festigkeiten der punktgeschweißten Fügeverbindungen aus Verbundblech mit formgehärtetem Stahl und Verbundblech mit sich selbst weisen eine geringe Streuung auf. Fehler im Schweiß- und Prüfprozess können weitestgehend ausgeschlossen werden. Exemplarisch wird in der Abbildung 96 eine zerstörte Probe der Blechkombination Verbundblech mit dem 22MnB5+AS150 dargestellt.

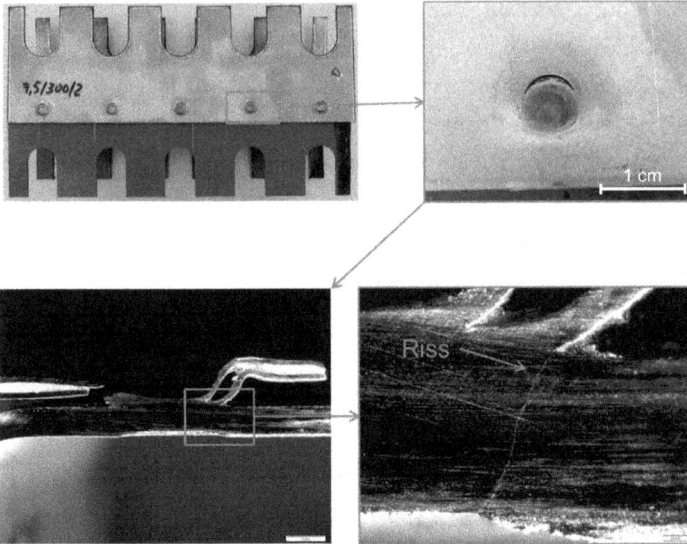

**Abbildung 96: H-Probe Verbundblech mit formgehärtetem Stahl**

Diese Fügeverbindungen versagen aufgrund der metallurgischen und geometrischen Kerben an den Schweißpunkten. Die Deckbleche des Verbundblechs und der formgehärtete Stahl weisen teilweise Risse auf.

Die punktschweißgeklebten Proben aus dem Verbundblech mit formgehärtetem Stahl versagen aufgrund der hohen Verbindungsfestigkeit an der Einspannstelle (siehe Abbildung 97).

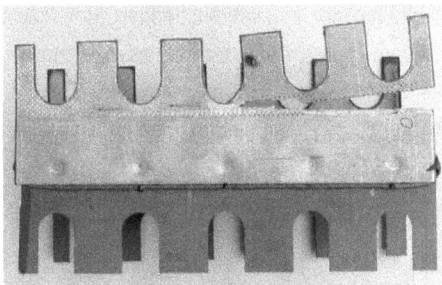

**Abbildung 97: H-Probe Verbundblech mit formgehärtetem Stahl und Klebstoff**

Eine Bewertung der Schwingfestigkeit der punktschweißgeklebten Fügeverbindung kann dadurch nicht erfolgen. Eine Modifizierung der H-Probe bzw. der Einspannstelle erfolgt in dieser Arbeit nicht.

## 9.4.2. Bewertung des Korrosionsverhaltens

Die Beurteilung des Korrosionsverhaltens wird entsprechend der Quelle [134] durchgeführt. Diese Prüfnorm wird bei Muster- und Serienprüfungen von vollständig lackierten Karosserien, Karosserieblechen, Baugruppen und Bauteilen mit unterschiedlichen Korrosionsschutzüberzügen angewendet. Sie dient der Überprüfung und Bewertung des Korrosionsverhaltens bzw. der Korrosionsschutzmaßnahmen unter statischer Beanspruchung.

Die Prüfung ist eine zyklisch wechselnde Kombination von unterschiedlichen klimatischen und korrosiven Beanspruchungen. Ein Prüfzyklus besteht aus:

- 4 h Salzsprühnebelprüfung, Prüfverfahren NSS nach DIN EN ISO 9927,
- 4 h Lagerung bei Normalklima ISO 554-23/50 und
- 16 h Feucht - Wärme - Lagerung, Prüfklima CH nach DIN EN ISO 6270-2.

Eine Korrelation zum Korrosionsmechanismus im realen Fahrbetrieb ist nicht zwangsläufig möglich, da die am Fahrzeug auftretenden Schadensbilder und Korrosionsverläufe komplexerer Art sind und durch die statische Korrosionsbeanspruchung nicht vollständig erfasst und widergespiegelt werden. [134]

Im beschriebenen Korrosionstest wird das Verbundblech in Kombination mit einem 22MnB5+AS150, einem H220+Z100MB und mit sich selbst verschweißt untersucht. Die Abbildung 98 zeigt die gefügten Korrosionsproben. Jeweils zwei 58 mm x 300 mm große Blechstreifen der zu untersuchenden Materialien werden mit einer Überlappung von 16 mm durch fünf Schweißpunkte gefügt. Der durch den Verdrängungsprozess ausgetretene Polymerwerkstoff wird nicht entfernt. Die KTL-Beschichtung erfolgt unter Serienbedingungen ohne zusätzliche Behandlungen.

**Abbildung 98: Korrosionsproben nach dem Fügen**

Die Prüflinge werden nach 90 Zyklen bezüglich Korrosionsart (Überzugs- und/oder Grundmetallkorrosion), Korrosionstyp (Flächen- oder Kantenrost), Korrosionsbeginn und -fortschritt, sowie hinsichtlich sonstiger Veränderungen der Korrosionsschutzüberzüge wie Enthaftungen, Blasen o. ä. bewertet. Besondere Beachtung kommt dabei der Füge- und Wärmeeinflusszone zu. Durch 90 Zyklen der Korrosionswechselprüfungen gemäß der Quelle [134] wird die Forderung bzw. Gewährleistung gegen Durchrostung der Karosserie von 12 Jahren simuliert. Die Abbildung 99 zeigt die Korrosionsproben nach 90 Zyklen.

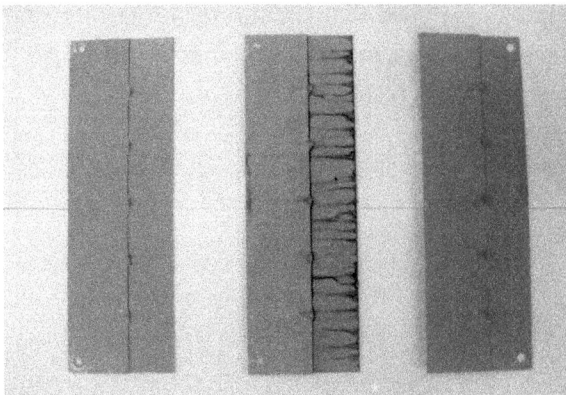

**Abbildung 99: Korrosionsproben nach 90 Zyklen**

Grundsätzlich sind an den einzelnen KTL-beschichteten Versuchsblechen keine Auffälligkeiten in Form von Lackenthaftungen und Schichtdickenschwankungen auf den Flächen festzustellen. An den unbehandelten, gratbehafteten Schnittkanten findet keine vollständige Benetzung durch die KTL statt. Auf den Oberflächen an den Fügestellen ist keine Korrosion festzustellen. In der Abbildung 100 sind die aufgetrennten Fügeflansche dargestellt.

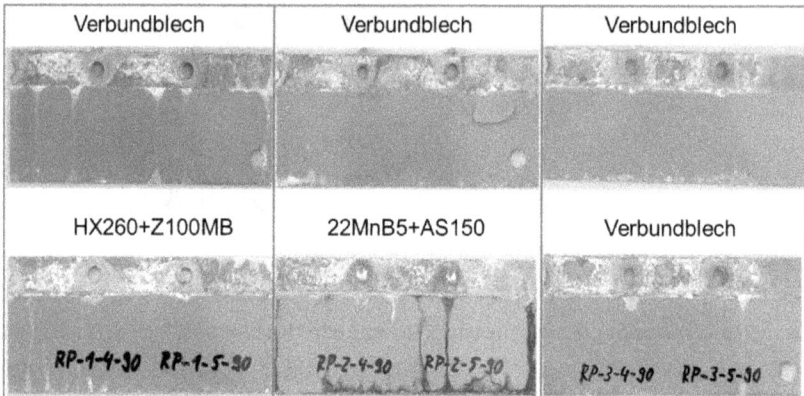

**Abbildung 100: Fügeflansch der Korrosionsproben nach 90 Zyklen**

Durch den von beiden Seiten einfließenden KTL-Lack werden Luftblasen im Fügeflansch eingeschlossen. Es findet keine vollständige Abscheidung der Lackierung (KTL) im Flanschbereich (16 mm) statt. Je nach Spaltbreite ist eine Abscheidung der KTL von 10 bis 30 % Flächenanteil erfolgt. Die lackfreien Bereiche weisen bei beiden Verzinkungsarten (elektrolytisch verzinkt bzw. feuerverzinkt) Zinkkorrosion auf. Bei dem 22MnB5+AS150 ist keine Grundmetallkorrosion aufgetreten.

Auf der lackierten Oberfläche (KTL) und in den Schliffbildern ist im Bereich der Punktschweißverbindung nach 90 Zyklen keine Korrosion festzustellen (siehe Abbildung 101).

| Verbundblech / HX260+Z100MB | Verbundblech / 22MnB5+AS150 | Verbundblech / Verbundblech |
|---|---|---|

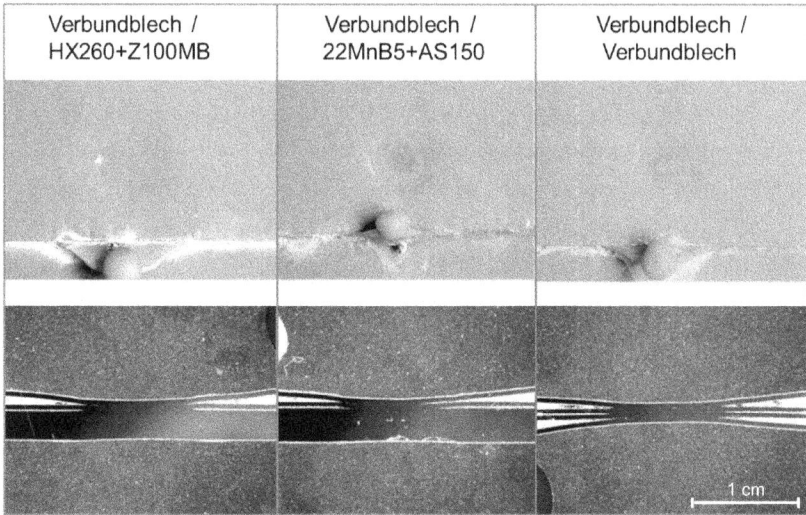

**Abbildung 101: Korrosion im Bereich der Fügestellen nach 90 Zyklen**

Jedoch sind die Schnittkanten an den Verbundblechen, verzinkten Stahlblechen sowie höchstfesten Stahlblechen auffällig bezüglich Unterwanderung der Lackierung (bis zu 16 mm), verbunden mit Kantenkorrosion (Zink- bzw. Grundmetallkorrosion). Die Zinkauflage beträgt entsprechend der Abbildung 102 ca. 5 µm.

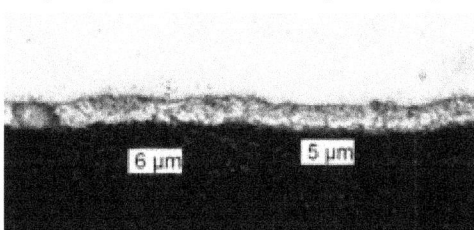

**Abbildung 102: Zinkschichtdicke am Verbundblech nach 90 Zyklen**

Die hier untersuchten Punktschweißverbindungen zeigen ein im Vergleich zu herkömmlichen Widerstandspunktschweißungen vergleichbares Korrosionsverhalten. Inwieweit die Polymerausstülpungen die Feinnahtabdichtung im Außenbereich negativ beeinflussen, wird in dieser Arbeit nicht untersucht.

Die Einzelergebnisse der Korrosionsuntersuchungen sind im Anhang A1 zusammengefasst.

# 10. Abgeleitete Konstruktionshinweise

Die Fügbarkeit von Stahl-Kunststoff-Verbundblech mit formgehärtetem Stahl wird von den Faktoren Fügeeignung, Fügemöglichkeit und Fügesicherheit bestimmt. Vor dem Hintergrund des Eigenschaftsprofils der zu fügenden Werkstoffe und dem in dieser Arbeit hergeleiteten zweistufigen Fügeverfahrens können Fügeverbindungen erzeugt werden, die den Anforderungen moderner Karosseriekonzepte genügen. Im Folgenden werden Konstruktionshinweise gegeben, welche die richtige konstruktive Auslegung und Gestaltung der Fügeverbindung gewährleisten, damit die Karosseriekonstruktion unter Betriebsbedingungen über den gesamten Produktlebenszyklus funktionsfähig bleibt.

Die Gestaltung und Dimensionierung der Fügeflansche kann grundlegend in Anlehnung an bestehende Richtlinien wie z.B. an die Quelle [135] erfolgen. Die Anforderungen an die blechdickenabhängigen Mindestlinsendurchmesser in den jeweiligen Fügeebenen und die Grenzwerte für Unregelmäßigkeiten sind den Konzernnormen für das Widerstandspunktschweißen zu entnehmen. Gleiches gilt für die geforderte Verbindungsfestigkeit unter statischer und zyklischer Belastung.

Eine Erweiterung auf anspruchsvolle Blechdickenkombinationen ist möglich. Dabei wird das Verfahren als Fixierverfahren deklariert und dieses in der Bauteilzeichnung vermerkt. Die Fügeverbindungen weisen dabei die notwendige Handlingfestigkeit für den Fertigungsprozess bis zur Klebstoffaushärtung auf. Es wird nur die Anbindung des im Blechpaket innen liegenden Deckblechs gefordert.

Eine Entfernung der ausgetretenen Polymerkernschicht („Ausstülpungen") ist, wie im Folgenden beschrieben, teilweise notwendig.

Bei dem Großteil der heutigen Fahrzeugkonstruktionen werden die Windschutzscheiben und Heckscheiben auf Fügeflansche geklebt. Die Kleberraupe wird trapezförmig auf die Scheibe aufgetragen und beim Anpressen von ca. 10 mm auf 3 mm zusammengedrückt. Dadurch werden Geometrieabweichungen zwischen der Scheibe und der Karosserie ausgeglichen und die Dichtheit zwischen diesen Fahrzeugkomponenten gewährleistet. Ein direkter Kontakt der Scheibe über die Polymerausstülpungen mit der Karosserie ist zu vermeiden. Eventuell punktförmig in die Scheiben eingeleitete Belastungen können zum Bersten führen. Weiterhin können Undichtigkeiten auftreten.

Durch die Verdrängung der Thermoplastzwischenschicht im Verbundblech stellt sich eine im Vergleich zu einem Widerstandspunktschweißprozess mit herkömmlichen

Stahlwerkstoffen größere Vertiefung an der Fügestelle ein. Die Schweißpunkte sind so anzuordnen, dass beim Anpressen der Scheibe die durch den Verdrängungsprozess entstandenen Vertiefungen vom Scheibenklebstoff ausgefüllt werden. Laut der Quelle [136] dürfen die beim Durchsetzfügen entstehenden Vertiefungen in den Flanschbereichen, auf denen Verglasungen verklebt werden, eine maximale Tiefe von 1,6 mm aufweisen. Bei gleichem Fügestellenabstand ist durch die günstigere Form der Vertiefung bzw. der temperierten Pressstempel nicht mit Undichtigkeiten zu rechnen. Eine weiterführende Absicherung durch entsprechende Versuche wird in dieser Arbeit nicht erbracht.

Bei dem Großteil heutiger Türdichtsysteme werden die Türdichtungen auf die Türflansche gesteckt. Wird ein einwandfreies Anbringen oder die Funktion der Türdichtung gefährdet, sind die Polymerausstülpungen an den jeweiligen Bauteilen im Bereich der Türdichtungen zu entfernen.

Aus Korrosionsschutzgründen müssen alle Flanschbereiche im Unterbodenbereich (Außenbereich) zusätzlich z.B. mit PVC-Feinnahtabdichtung versiegelt werden. Da im Bereich der Polymerausstülpungen eine wirkungsvolle Versiegelung mit PVC-Feinnahtabdichtung nicht möglich ist, sind diese zu entfernen.

Der Einsatz von Klebstoff beugt einer möglichen Spaltkorrosion im Außenbereich vor und steigert die Verbindungsfestigkeit sowie die Karosseriesteifigkeit.

Beim Fügen von Fahrzeugdächern aus monolithischen Stählen mit den Seitenteilen wird im Karosseriebau häufig das Laserstrahllöten zur Realisierung einer sogenannten „Nullfuge" eingesetzt. Aufgrund der Prozessinstabilitäten beim Laserstrahllöten von Verbundblechen kann alternativ das hier entwickelte Verfahren vorteilhaft eingesetzt werden. Trotz der örtlichen Verformung an den Fügestellen können durch die Verwendung von Dachzierleisten die optischen Anforderungen erfüllt werden.

Durch die Verdrängung der Polymerkernschicht kommt es im Bereich der Fügestelle zu einer verringerten Gesamtblechdicke und einer entsprechend geringeren Biegesteifigkeit des Verbundblechbauteils. Durch eine Auflage der Verbundblechbauteile auf steifen Strukturbauteilen wird eine Biegebelastung in diesen Bereichen weitgehend vermieden. Die Fügeverbindung soll möglichst ausschließlich auf Scherung belastet werden. Eine Schälbeanspruchung soll wie beim konventionellen Widerstandspunktschweißen konstruktiv vermieden werden.

Inwiefern sich eine Werkstoffsubstitution von monolithischen Außenhautgüten hin zu Stahl-Kunststoff-Verbundblech positiv auswirken kann, sollte je nach Anwendungsfall spezifisch betrachtet werden. Im Allgemeinen werden vermutlich die Dämpfungseigenschaften des Verbundblechs an den Fügestellen gegenüber dem unbeeinflussten Grundwerkstoff verringert. Allerdings wird sich der Einfluss auf die Gesamtkonstruktion vergleichsweise gering auswirken, da an den Auflagerstellen aufgrund der relativ hohen Steifigkeit und Masse der Strukturbauteile keine größeren Schwingungsamplituden auftreten (Annahme: Schwingungsanregung von außen auf Verbundblech durch z.B. Fahrtwind – nicht von Struktur auf Verbundblech durch z.B. Motorvibration).

Die beim Schweißen von formgehärtetem Stahl auftretende Entfestigung hat auf das Versagensverhalten der Fügeverbindung keinen signifikanten Einfluss. Auch bei erkennbarem Rissfortschritt bei zyklischer Belastung versagt die Fügeverbindung um den Schweißpunkt in den Metalldeckblechen des Verbundblechbauteils.

Für eine Herstellung von den Anforderungen genügenden Schweißverbindungen ist es notwendig die Fügestellen zweimal mit entsprechenden Fügebetriebsmitteln zu erreichen (Verdrängen Polymerkern und Verschweißen). Dabei ist in der Fertigung sicherzustellen, dass das Fügewerkzeug die Fügestelle mit der geforderten Positioniergenauigkeit erreichen kann. Dabei sind die Positioniergenauigkeiten von Roboter, Spanntechnik und Fügewerkzeug sowie Bauteiltoleranzen zu beachten. Für die betrachteten Blechkombinationen wurde ein maximales geometrisches Prozessfenster von +/- 2,2 mm ermittelt.

# 11. Prozesssicherheit und Qualitätssicherung

In der Quelle [43] wird ein robuster Fügeprozess als ein Prozess definiert, der es, im Vergleich zu einem weniger robusten Fügeprozess, ermöglicht in einem größeren Bereich von äußeren Störeinflüssen eine fehlerfreie Fügeverbindung zu erzeugen.

In der Großserienfertigung kann zwischen geometrischen und prozessspezifischen Einfluss- und Störgrößen unterschieden werden. Die geometrischen Störgrößen wie z.B. die Lageabweichung und Maßtoleranzen von Bauteilen oder die Positionierungstoleranzen des Fügebetriebsmittels zur Fügestelle werden in dieser Arbeit untersucht und entsprechende Toleranzvorgaben für die Konstruktion und Fertigung abgeleitet. Die prozessspezifischen Einfluss- und Störgrößen wirken sich bei Widerstandsschweißprozessen meist direkt auf die elektrischen Kenngrößen aus. Im Folgenden wird für beide Prozessschritte die Prozesssicherheit anhand von Spannungs- bzw. Widerstandsverläufen diskutiert. Weiterhin wird die Möglichkeit der Auswertung dieser Signalverläufe für Qualitätssicherungskonzepte erörtert, um den Verdrängungs- und Widerstandsschweißprozess hinsichtlich der Erfüllung der geforderten Qualitätsansprüche unter Großserienbedingungen überwachen zu können.

Eine unvollständige Verdrängung der Polymerlage wird z.B. durch eine zu kalte oder zu verschlissene Elektrodenkappe hervorgerufen. Dadurch kann auch bei einer sehr langen Verdrängungsdauer keine Kontaktierung der Deckbleche festgestellt werden. Wie in Kapitel 6.3. erläutert, kann durch eine Überwachung der Zeitspanne von abgeschlossenem Kraftaufbau bis zur Kontaktierung eine Qualitätssicherung des Verdrängungsprozesses realisiert werden. Bei einer Überschreitung einer auf Erfahrungswerten basierenden und vorher festgelegten maximalen Prozessdauer (ca. 5000 ms) wird von einem Anlagen- oder Bauteilfehler ausgegangen. Dieser wird durch eine entsprechende Fehlermeldung signalisiert. Im Umkehrschluss genügt der Verdrängungsprozess den Qualitätsanforderungen, sofern in einem bestimmten Zeitraum der Hauptstrom fließt und die Sekundärspannung unter einem festgelegten Maximalwert bleibt.

In der Abbildung 103 sind exemplarisch 25 Spannungsverläufe der 186 Verdrängungsprozesse aus Kapitel 9.2.5. über einer Stromflusszeit von 200 ms dargestellt. Der Stromaufbau von 7 kA erfolgt innerhalb von ca. 20 ms. Der Betrieb der Anlage erfolgt im KSR-Modus (Konstantstromregelung). Die Elektrodenkraft beträgt 4 kN.

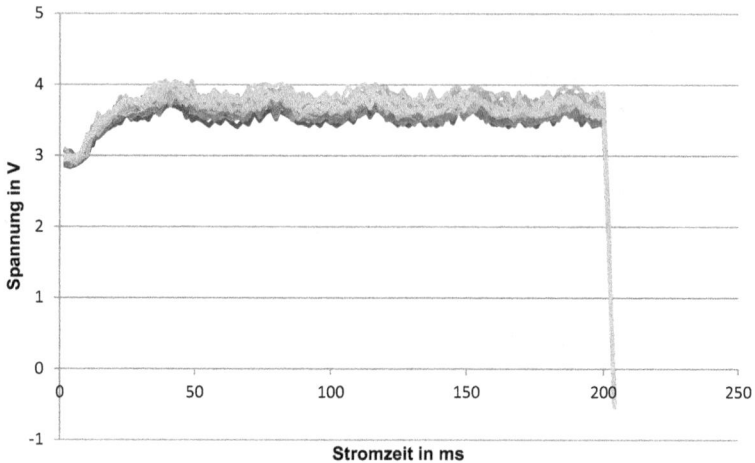

Abbildung 103: Spannungsverläufe im Verdrängungsprozess

Die Spannung im Sekundärkreis ist abhängig von den Widerständen der Schweißanlage und dem Widerstand des Verbundblechs. Die Spannungsverläufe im Sekundärstromkreis liegen zu Beginn der Messung bei 3 V. In der Aufbauphase des elektrischen Stromes von ca. 7 kA steigt die Spannung im Mittel bis ca. 3,7 V an. Der weitere Verlauf ist durch eine reglerbedingte Welligkeit geprägt und bleibt bis zum Abschaltzeitpunkt nahezu konstant. Nach dem Abschalten bricht das Magnetfeld zusammen, es wird eine Gegenspannung in das Zangenfenster induziert. Hieraus resultiert der negative Spannungswert zum Ende der Messung.

Generell zeigen sich reproduzierbare Spannungsverläufe, wovon eine ausreichende Prozessstabilität abgeleitet wird. Es erfolgt eine störungsfreie Kontaktierung der Deckbleche. Die Maximalwerte der Spannung liegen mit 4,1 V deutlich unter dem anlagenspezifischen Grenzwert von ca. 10 V.

Die Auswertung der Spannungsverläufe im zweiten Prozessschritt dient neben der Beurteilung des Widerstandspunktschweißprozesses auch zur Bewertung der elektrischen Leitfähigkeit in den vorkonditionierten Fügestellen. Hierzu ist der Spannungs- bzw. Widerstandswert zu Beginn der Messung ausschlaggebend. Ein relativ hoher Spannungs- bzw. Widerstandswert lässt einen Rückschluss auf einen fehlerhaften Verdrängungsprozess oder eine unzulässig hohe Positionsabweichung zu.

Eine prozesssichere Kontaktierung ist Voraussetzung für einen störungsfreien Stromaufbau beim anschließenden Widerstandsschweißprozess. Die Maximalspannung der Schweißtransformatoren entspricht annähernd deren Leerlaufspannung und darf nicht überschritten werden. In der Abbildung 104 sind die Spannungsverläufe von 60 Schweißpunkten dargestellt (Werte nach Quelle [127]). Das Verbundblech wird mit einem 1,5 mm dicken 22MnB5+AS150 gefügt. Die Schweißstromstärke beträgt ca. 6 kA über eine Schweißzeit von 300 ms. Die Elektrodenkraft beträgt 2 kN.

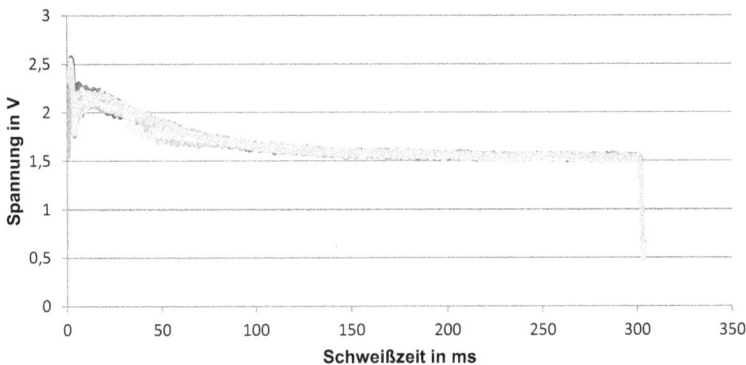

Abbildung 104: Spannungsverläufe im konventionellen Punktschweißprozess

Die höchsten Spannungswerte werden zu Beginn der Stromzeit verzeichnet. Begründet liegt dies in den relativ hohen Übergangswiderständen zu Beginn der Schweißung und in der Zangenimpedanz. Generell zeigt sich ein gleichmäßiger Verlauf der 60 Messungen. Die Spannungsverläufe besitzen im Vergleich zum Verdrängungsprozess um ca. 2 V niedrigere Werte. Begründet liegt dies im geringeren Anlagenwiderstand der konventionellen Schweißzange. Diese ist mit vergleichsweise größeren Leiterquerschnitten ausgestattet. Die Bauteile sind aus elektrisch gut leitenden Kupferlegierungen gefertigt. Die Spannungswerte liegen deutlich unter 10 V im zulässigen Bereich.

Es sind die herkömmlichen Prozessüberwachungssysteme aus dem Stand der Technik einsetzbar. Beispielsweise kann die in der Quelle [137] beschriebene U/I-Regelung mit Kleberfunktion zur Erhöhung der Prozesssicherheit und Onlineüberwachung der Schweißpunkte eingesetzt werden.

## 12.  Umsetzung in der Praxis am Beispiel Fahrzeugboden

Mit dem neu entwickelten Verfahren können z.B. Bodenbleche bestehend aus dem Verbundwerkstoff in eine Bodenstruktur aus formgehärtetem Stahl implementiert werden. Alle relevanten Fügestellen werden mit dem zweistufigen Verfahren gefügt. Die Abbildung 105 zeigt das rechte Bodenblech mit den im ersten Prozessschritt vorbearbeiteten 95 Fügestellen. Bei den 57 Fügestellen am Bauteilrand tritt der Polymerkern seitlich aus. Der Randabstand dieser Fügestellen beträgt 8 mm.

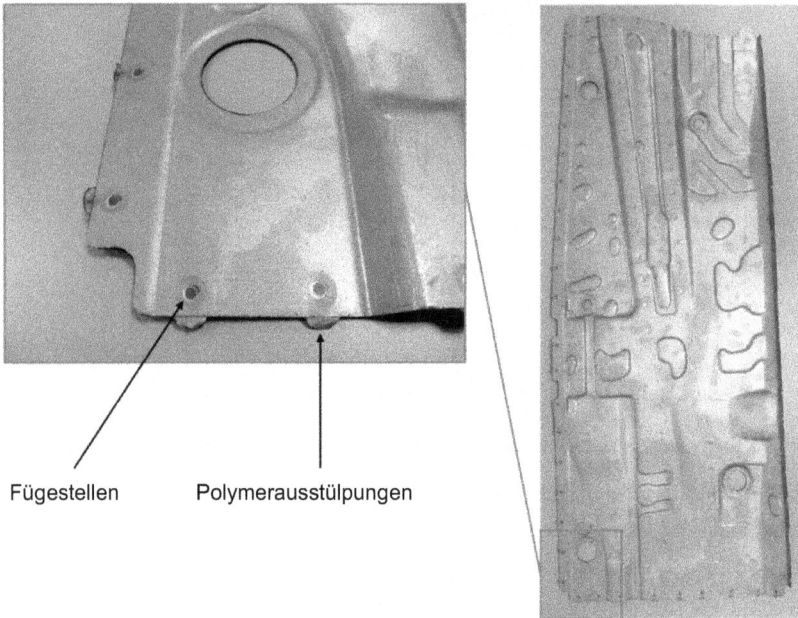

Fügestellen        Polymerausstülpungen

**Abbildung 105: Bodenblech nach erstem Prozessschritt mit vorbearbeiteten Fügestellen**

Die Polymerausstülpungen am Rand der Bodenbleche werden anschließend mit einem Schneidwerkzeug für eine problemlose Positionierung der Bauteile entfernt. In der Abbildung 106 ist die durch den zweiten Prozessschritt widerstandspunktgeschweißte vordere Bodenstruktur dargestellt. Die Verbundbleche werden mit dem formgehärteten Stahl 22MnB5+AS150 und verzinkten Stahlgüten verschweißt.

**Abbildung 106: Bodenstruktur bestehend aus Verbundblech und formgehärtetem Stahl**

Bei den Widerstandspunktschweißungen werden neben C-Zangen auch X-Zangen mit einer Ausladung von 700 mm eingesetzt. Die Zwei- und Dreiblechverbindungen in der Bodenstruktur entsprechen den gängigen Anforderungen im Karosseriebau. Der Schweißprozess und die erzeugten Fügeverbindungen weisen keine Unregelmäßigkeiten auf.

# 13. Möglichkeit der Produktivitätssteigerung

Das Widerstandsschweißen gehört aufgrund der sehr guten Automatisierbarkeit und Prozesssicherheit zu den wirtschaftlichsten Fügeverfahren im Karosseriebau. Herkömmliche Roboterschweißzangen erzeugen jedoch nur einen Schweißpunkt je Anfahrposition bzw. Arbeitstakt. Dieses Defizit führt bei großen Bauteilen mit langen Punktreihen zu relativ hohen Taktzeiten oder zu der Notwendigkeit weiterer Schweißstationen. Das Verdrängen der Kunststoffzwischenschicht stellt einen weiteren Prozessschritt dar und führt im Vergleich zum konventionellen Widerstandspunktschweißen von monolithischen Stählen zu einer verminderten Wirtschaftlichkeit.

Zur Steigerung der Produktivität wurden bereits Schweißverfahren bzw. Fügebetriebsmittel entwickelt, mit denen zwei Schweißpunkte gleichzeitig erzeugt werden. Die Anwendbarkeit dieser Verfahren ist jedoch auf wenige Blechkombinationen beschränkt. Im Folgenden werden ausgewählte Verfahren beschrieben und ihre Defizite aufgezeigt.

Die Quelle [138] beschreibt ein Widerstandsschweißverfahren zum Verschweißen von drei Bauteilen. Ein Bauteil muss als Hohlprofil ausgeführt sein. Der Schweißstrom wird von zwei Elektroden eingeleitet. Die Elektrodenkraft wird von der Stabilität des Hohlprofils begrenzt. Zudem führt der indirekte Stromfluss zu einer verminderten Prozessstabilität.

In den Quellen [139], [140], [141], [142] und [143] werden Schweißvorrichtungen für das Doppelpunktschweißen von Blechbauteilen mittels indirektem Stromfluss beschrieben. Zwei Schweißelektroden werden von einer Seite an den zu fügenden Bauteilen angeordnet. Der Stromfluss entlang der Bauteilkonturen bewirkt die größte Widerstandserwärmung im Bereich der Schweißelektroden. Diese Fügeverfahren werden meist bei einseitiger Zugänglichkeit angewendet. Die Schweißbarkeit ist aufgrund der relativ geringen Stromdichte in der Fügeebene nur bei wenigen für den heutigen Karosseriebau relevanten Blechkombinationen gegeben.

Durch eine spezielle Gestaltung der Blechbauteile im Bereich der Fügestelle kann entsprechend der Quelle [144] eine geringfügige Vergrößerung der Stromdichte erzielt werden. Eingeprägte Sicken führen zu einem Luftspalt zwischen den Bauteilen im Bereich der Fügezonen. Durch die Elektrodenkraft werden die Sicken deformiert. Die Verformung soll zu einem möglichst punktförmigen Kontakt der Bauteile führen. Dadurch wird eine höhere Stromkonzentration und Widerstandserwärmung in der

Fügeebene erzielt. Der Nebenschlussstrom über das zu der Schweißvorrichtung zugewandte Bauteil ist von den Bauteilgeometrien, der Blechdicke, dem Grundmaterial und den Beschichtungseigenschaften abhängig. Der Nebenschlussstrom trägt nicht zur Verbindungsbildung bei.

Durch den Einsatz von Unterkupfer wird in der Quelle [142] die Ausbildung der Strompfade positiv beeinflusst und die Stromkonzentration in der Fügeebene erhöht. Dadurch wird der Einsatzbereich derartiger Fügeverfahren erweitert. Da die Elektrodenkräfte jedoch zu 100 % von der Schweißanlage oder dem Roboter erzeugt bzw. abgestützt werden, sind diese im Vergleich zum direkten Widerstandsschweißen geringer. Spalte zwischen den Bauteilen können nicht zusammengedrückt werden, wodurch es zu Schweißspritzern und verringerter Prozesssicherheit kommt. Durch den indirekten Stromfluss kann die für die Ausbildung einer Schweißlinse notwendige Stromkonzentration nur unter günstigen Bauteilkonstellationen gewährleistet werden. Signifikanten Einfluss haben der Punktabstand, die Blechdicke und die zu verschweißenden Werkstoffe. [145], [146]

Wie in Kapitel 2.5. erwähnt, können Widerstandsschweißverfahren mit indirektem Stromfluss aufgrund der Bauteilerwärmung und damit verbundenen Delaminationen zum Fügen von steifigkeitsoptimierten Stahl-Kunststoff-Verbundblech nicht angewendet werden.

Im Fokus der Wirtschaftlichkeitssteigerung im Karosseriebau wird im Rahmen der Arbeit eine Roboterschweißzange für das Synchronpunktschweißen entwickelt. Die Schweißzange ist entsprechend der Quelle [147] mit vier Schweißelektroden ausgestattet und erzeugt je Arbeitsgang / Anfahrposition zwei Schweißpunkte (siehe Abbildung 107 ).

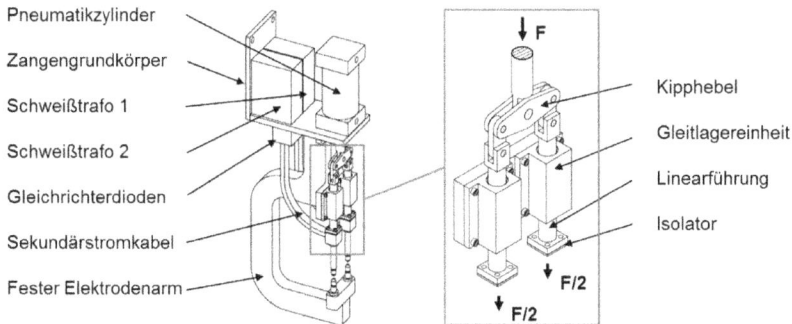

Abbildung 107: Schematische Darstellung Doppelpunktschweißzange

Die Fertigungszeit wird so gegenüber dem herkömmlichen Widerstandsschweißen deutlich verkürzt. Dieses „direkte Synchronpunktschweißen" arbeitet mit direktem Strom- und Kraftfluss. Durch die gegenüberliegenden Schweißelektroden wird eine ausreichende Stromkonzentration erzielt. Ein verschleißarmer und funktioneller Mechanismus zur Verteilung der Zangenkraft auf beide Elektroden wird entwickelt. Die Elektrodenkräfte sind mit beidseitig jeweils 4 kN ausreichend bemessen. Die Prozesssicherheit liegt auf dem Niveau herkömmlicher Schweißanlagen. Die Doppelpunktschweißzange kann generell in C- und X- Bauweise ausgeführt sein. Die Erzeugung der notwendigen Elektrodenkraft wird wie bei herkömmlichen Schweißzangen pneumatisch, servopneumatisch oder servomotorisch realisiert. Im Folgenden werden die technischen Details an einer pneumatischen C-Zange beschrieben.

An beiden Zangenarmen sind jeweils zwei Schweißelektroden so angebracht, dass sich mit dem Schließen der Zange zwei Stromkreise über die zu verschweißenden Bauteile ergeben. Es handelt sich um zwei voneinander unabhängige, regelbare Stromkreise mit separat angesteuerten Schweißtransformatoren. Die Regelung erfolgt über Strommessspulen auf jeweils konstante Schweißstromstärke. Die Schaltung ist der Abbildung 108 zu entnehmen.

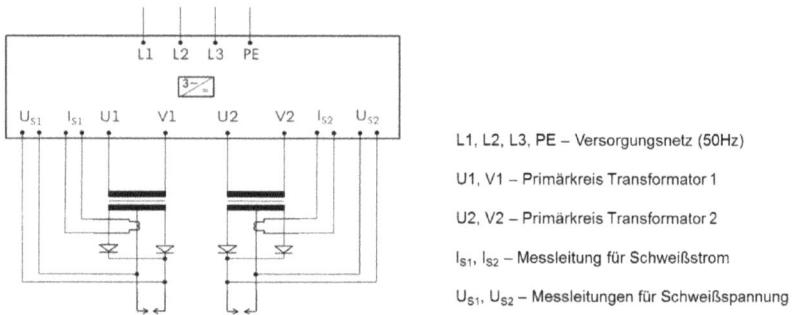

L1, L2, L3, PE – Versorgungsnetz (50Hz)

U1, V1 – Primärkreis Transformator 1

U2, V2 – Primärkreis Transformator 2

$I_{S1}$, $I_{S2}$ – Messleitung für Schweißstrom

$U_{S1}$, $U_{S2}$ – Messleitungen für Schweißspannung

**Abbildung 108: Schaltplan der Doppelpunktschweißzange**

Die Schweißzange ist mit einem Mechanismus ausgestattet, mit dem die von der Zange erzeugte Kraft unabhängig von der Elektrodenposition im Verhältnis 0,5/0,5 auf beide Elektrodenpaare verteilt wird. So sind reproduzierbare Schweißergebnisse gewährleistet. Durch die Linearführungen wird zusätzlich ein Wegausgleich zur Kompensation unterschiedlicher Fräsabtrage und/oder unterschiedlicher Gesamtblechdicken generiert. Die Linearführungen können als Gleitlager mit Wellen, als Gleitschienen mit Linearkugellagereinheiten oder als Kombinationen aus beiden ausgeführt sein. Der Ausgleich realisiert bis zu 20 mm vertikalen Versatz. So können beide Kappenpaare hintereinander mit herkömmlichen Fräsern bearbeitet werden. Der Einsatz von Doppelfräsern zur weiteren Einsparung von Fertigungszeit ist ebenfalls denkbar.

Häufig werden Doppelpunktzangen mit zwei Pneumatikzylindern und einem Elektrodenarm pro Schweißkappe ausgestattet. [148], [149]

Der entscheidende Vorteil der neuartigen Zangenkinematik gegenüber zwei parallel ausgerichteten Pneumatikzylindern (oder Servomotoren) ist der geringere Platzbedarf bzw. die verminderte Störkontur. Weiterhin können durch die Gewichtsreduzierung auch im Roboterbetrieb größere Zangenfenster eingesetzt werden. Dadurch ergeben sich eine deutlich größere Konstruktionsfreiheit sowie ein erweiterter Einsatzbereich.

Der Abstand der beiden Linearführungen beträgt zwischen 40 und 200 mm. Bei einem Elektrodenabstand von beispielsweise 100 mm können durch „auf Lücke schweißen" Punktabstände von 50, 33, 25 oder 20 mm realisiert werden.

Die beschriebene Roboterschweißzange kann ebenfalls mit einem pneumatischen oder servomotorischen Zangenausgleich ausgestattet sein. Andernfalls wird die Bewegung des festen Elektrodenarms zum Bauteil über eine Roboterbewegung realisiert.

Die Doppelpunktschweißzangen können analog der in Kapitel 6.2. beschriebenen Schweißzange mit temperierten Schweißelektroden ausgestattet werden. Das ermöglicht den Einsatz von Doppelpunktschweißzangen bei beiden Prozessschritten des zweistufigen Fügeverfahrens. Durch die Fertigungszeitverkürzung ist eine Steigerung der Wirtschaftlichkeit des neu konzipierten Verfahrens möglich.

# 14. Zusammenfassung

Im Stand der Technik wird das Leichtbaupotential der Werkstoffkombination aus dem Stahl-Kunststoff-Verbundblech mit formgehärtetem Stahl für moderne Karosseriestrukturen beschrieben. Ausschlaggebend für die Realisierung dieses Konzeptes in der Großserie ist ein robustes und wirtschaftliches Verfahren zum Fügen dieser Werkstoffe.

Derzeit existiert jedoch kein großserientaugliches Fügeverfahren für diese Werkstoffkombination. Die Kunststoffschicht im Verbundblech lässt kein thermisches Fügen mittels Strahl- oder Lichtbogenverfahren unter Großserienbedingungen zu. Sie wirkt zudem als elektrischer Isolator, wodurch das herkömmliche Widerstandsschweißen ebenfalls nicht einsetzbar ist. Das wirtschaftliche Fügen von Verbundblech mit formgehärtetem Stahl gilt bei mechanischen Fügeverfahren nach wie vor als Herausforderung.

Das Ziel dieser Arbeit ist die Konzeption und Entwicklung eines serientauglichen Fügeprozesses für derartige Werkstoffkombinationen.

Das neue Fügeverfahren basiert auf zwei Prozessschritten. Im ersten Verfahrensschritt wird die elektrisch isolierende Thermoplastzwischenschicht an den Fügestellen durch eine Temperatureinwirkung plastifiziert und unter Druck verdrängt. Anschließend wird das Verbundblech mit hoch- oder höchstfesten Stählen durch einen konventionellen Widerstandspunktschweißprozess gefügt.

Ein dem Verdrängungsprozess nachgelagerter Stromfluss detektiert den Kontakt der Deckbleche. Die Auswertung von Spannungs- und Stromstärkeverläufen ermöglicht eine adaptive Regelung auch bei einer vollständigen elektrischen Isolation der Deckbleche. Die Prozesszeiten werden auf ein Minimum reduziert. Der direkte Stromfluss durch das Verbundblech ist das Kriterium für die Prozessüberwachung bzw. das Qualitätssicherungskonzept. Dadurch wird eine Erhöhung der Prozessrobustheit und -sicherheit erzielt.

Der Flächenanteil des Kunststoffs nach dem Verdrängungsprozess in der Kontaktzone wird durch REM – Aufnahmen ermittelt. Der elektrische Kontakt der Deckbleche bleibt dauerhaft bestehen. Der anschließende Widerstandsschweißprozess verläuft störungsfrei.

Die für die Projektierung der notwendigen Anlagentechnik relevanten Konstruktionsprinzipien werden erläutert. Durch den Einsatz von Chrom-Nickel-Stahl und Kupferlegierungen in Kombination mit der optimal bemessenen Heizleistung wird die Temperaturverteilung über dem temperierten Presswerkzeug den Anforderungen entsprechend realisiert. Eine weitere Möglichkeit der Wärmerückführung in die Elektrodenkappen ist durch eine Widerstandserwärmung der Fügestelle gegeben.

Die Methodik der Thermografiemessung am Halbschnittmodell ermöglicht die Messung der Temperaturverteilung im Bereich der Fügestelle. Das Modell kann zur Visualisierung der Wärmeleitung in das Verbundblech während der Verdrängung und der Wärmeentwicklung innerhalb eines Widerstandspunktschweißprozesses genutzt werden. Durch das Messprinzip wird die Visualisierung der sonst verdeckten Verbindungsbildung ermöglicht. Die Plausibilität der gemessenen Temperaturverteilung während des Schweißprozesses wird durch die Prozesssimulation SORPAS® nachgewiesen.

Mit dem in dieser Arbeit entwickelten Fügeverfahren werden erstmals stoffschlüssige Fügeverbindungen zwischen dem Stahl-Kunststoff-Verbundblech und dem formgehärteten Stahl erzeugt, bei denen alle Metalllagen angebunden werden. Auch das Fügen von Verbundblech mit sich selbst ist über alle Deckblechlagen möglich.

In Bezug auf den Anbindungsquerschnitt werden höhere Materialausnutzungsgrade im Vergleich zum elementaren Kleben oder Laserstrahllöten erzielt. Die Anbindung beider Deckbleche beugt einem Delaminieren des Verbundwerkstoffs vor und führt zu einer Festigkeitssteigerung. Die erzielten Linsendurchmesser und die quasistatische Zugfestigkeit übertreffen die geforderten Werte. Der Nachweis der Schwingfestigkeit wird erbracht.

Das Korrosionsverhalten ist mit herkömmlichen Widerstandspunktschweißungen von verzinkten und formgehärteten Stählen vergleichbar.

Im Vergleich zu mechanischen Fügeverfahren liegen die notwendigen Prozesskräfte bei ca. 5 bis 20 %. Dadurch können leichtere Fügebetriebsmittel eingesetzt und eine Erhöhung der Konstruktionsfreiheit erzielt werden.

Aus den Erkenntnissen der Arbeit werden Konstruktionshinweise zur Sicherstellung der Fügbarkeit von Verbundblech mit monolithischen Stählen abgeleitet. Es wird ein Beitrag für eine fertigungsgerechte Konstruktion erbracht.

Die Herstellbarkeit des Karosseriekonzeptes aus Verbundblech und formgehärtetem Stahl wird durch den Aufbau einer vorderen Bodengruppe nachgewiesen. Aufgrund der den Anforderungen genügenden Verbindungsfestigkeit ist Klebstoff nur in korrosionsgefährdeten Bereichen erforderlich. Im Vergleich zur Aluminium-Stahl-Leichtbauweise ist keine vollflächige galvanische Trennung notwendig.

Ein weiterer wirtschaftlicher Vorteil ist, dass mit dem neuen Verfahren neben Zwei-auch Dreiblechverbindungen ohne kostenintensive Fügeelemente realisiert werden können. Die unmittelbare Fügeverbindung wird in zwei Prozessschritten mittels robotergeführten Schweißzangen umgesetzt. Die Anschaffungs- und Betriebskosten der Anlagentechnik für den ersten Prozessschritt sind mit denen konventioneller Widerstandsschweißanlagen vergleichbar.

Bei einer entsprechenden Zugänglichkeit der Fügestelle kann mit dem Einsatz von Doppelpunktschweißzangen die Wirtschaftlichkeit des zweistufigen Fügeverfahrens gesteigert werden. Durch die Fertigungszeitverkürzung sind bei gleicher Ausbringung weniger Schweißstationen und Fertigungsfläche notwendig.

Das in der Arbeit entwickelte zweistufige Verfahren zum Fügen von Stahl-Kunststoff-Verbundblech mit höchstfestem Stahl wird als „Warmpress – Widerstandsschweißen" bezeichnet.

# Literaturverzeichnis

[1] Hufenbach W.: „Leichtbau mit höherfesten Stahlblechen und Tailored Blanks für eine innovative PKW-Fertigung", Einladungskolloquium Stahl für moderne Automobile, Frankfurt am Main, 16. März 2000

[2] Roos E., Maile K.: „Werkstoffkunde für Ingenieure – Grundlagen, Anwendung, Prüfung", 4. Auflage, Springer Verlag Berlin Heidelberg, 2005

[3] Ferkel H., Hoffmann O., Keßler L.: „Ressourcenschonender Leichtbau für heutige und zukünftige Mobilität", 28. Aachener Stahl Kolloquium – Umformtechnik, Vortrag, Aachen, März 2013

[4] Ostermann F.: „ Anwendungstechnologie Aluminium", Berlin, Springer, 2007

[5] Ferkel H.: „Entwicklungen und Potentiale für den Werkstoff Stahl im Automobilleichtbau", Vortrag, 2. VDI-Fachkongress, Stuttgart, 11. Juli 2012

[6] Förstner U.: „Umweltschutztechnik", 8. neu bearbeitete Auflage, Springer Verlag Berlin Heidelberg, 2012

[7] Braess H. H., Seiffert U.: „Handbuch Kraftfahrzeugtechnik", 5. Überarbeitete und erweiterte Auflage, F. Vieweg und Sohn Verlag, Wiesbaden, 2007

[8] Gruden D.: „Umweltschutz in der Automobilindustrie – Motor, Kraftstoffe, Recycling", 1. Auflage, Vieweg Teubner, Wiesbaden, 2008

[9] Liesegang D. G.: „Industrielle Umweltschutzkooperationen – Ein Weg zur Verbesserung der Umweltverträglichkeit von Produkten", Springer Verlag Berlin Heidelberg, 1999

[10] Mischke W.: „Kraftfahrzeugtechnik 1 - Längsdynamik", Vorlesungsskript, Technische Universität Dresden, Lehrstuhl Kraftfahrzeugtechnik, 2006

[11] Palaniswamy H., Yadav A., Kaya S., Altan T.: „New Technologies to Form Light Weight Automotiv Components", Center for Precision Forming, The Ohio State University, Columbus, OH, USA, 2007

[12] Hackenberg U.: "Materialmix – Das Potential der Werkstoffe", Artikel in: ViaVision – Volkswagen Group, Nr.4, Wolfsburg, August 2011

[13] Knorra U.: „Mischbauweise ermöglicht um 35 Prozent leichtere Karosserien", Artikel in: ATZonline, Mai 2009

[14] Lesemann M., Bröckerhoff M.: „Multi-Material-Leichtbau – Vergleich zweier Vorderwagenkonzepte", Artikel in: mobiles – Fachzeitschrift für Konstrukteure, Ausgabe 34, Oktober 2008

[15]    Stefan Schmidgall: „Spritzbare Akustikmasse – SAM", 17. DFO Automobil-
        Tagung, Wiesbaden 04.05.2010

[16]    Lange K.: „Verbundwerkstoffe für die Schalldämpfung", Artikel in
        „Industrieanzeiger", 97. Jg. Nr. 101, Verlag W. Girardet, Essen, Dezember 1975

[17]    ThyssenKrupp Steel: "Technische Lieferbedingung steifigkeitsoptimierter
        Stahlsandwich", Duisburg, September 2011

[18]    ThyssenKrupp Steel: „Bondal – Das Stahl-Sandwichblech zur effektiven
        Reduzierung von Körperschall", Produktinformation, Duisburg, September 2008

[19]    Hoffmann O.: „Environment oriented light weight design in steel" , Vortrag
        Hannover-Messe, 25.04.2012

[20]    Kneiphoff U., Böger T., Laurenz R.: „Bondal CB – Akustikbaustein für die
        Karosserieentwicklung", Artikel in „ATZextra", Ausgabe November 2009

[21]    Filthaut C., Müller R. : „Schwingungdämpfendes Verbundblech –
        Schalldämpfung ab Werk", Artikel in „Coil Coating", Ausgabe April 2000

[22]    Goroncy J., Hammer H.: „Dieses Sandwich soll den OEMs schmecken" ,
        Artikel in „Automobil Industrie", Ausgabe Januar 2011

[23]    Keßler L., Hoffmann O.: „Entwicklungen und Potentiale für den Werkstoff Stahl
        im Automobilleichtbau", Vortrag in ACS Jahresveranstaltung, 25.10.2012

[24]    Böger T.: „ Numerische Beulsteifigkeitsoptimierung einer Leichtbauautotür mit
        lokaler Sandwichversteifung", Dissertation, Technische Universität Braunschweig,
        2007

[25]    Funke H.: „Systematische Entwicklung von Ultra-Leichtbaukonstruktionen in
        Faserverbund-Wabensandwichbauweise am Beispiel eines Kleinflugzeugs",
        Dissertation, Universität-Gesamthochschule Paderborn, 2001

[26]    Grote K. H., Feldhusen J.: „Dubbel – Taschenbuch für den Maschinenbau",
        21.Auflage, Springer Verlag Berlin Heidelberg, 2005

[27]    Taprogge R.: „Grundlagen und Rechenbeispiele zur Konstruktionsrechnung
        mit Kunststoffen", VDI-Taschenbücher Band 38, VDI-Verlag, Düsseldorf, 1974

[28]    Balke H.: „Einführung in die Technische Mechanik - Festigkeitslehre",
        Technische Universität Dresden, Institut für Festkörpermechanik, Springer-Verlag
        Berlin Heidelberg, 2005

[29]    ThyssenKrupp Steel: „Technisches Merkblatt – Litecor®", Duisburg, August
        2013

[30]    Goede    M.,    Ferkel    H.,    Stieg    J.,    Dröder    K.:    „Mischbauweisen
        Karosseriekonzepte – Innovation durch bezahlbaren Leichtbau", 14. Aachener
        Kolloquium Fahrzeug- und Motorentechnik,5.10. 2005

[31]    Suehiro M., Kusumi K., Miyakoshi T., Maki J., Ohgami M.: „Properties of
        Aluminium-coated Steels for Hot-forming", Technical Report No. 88, Nippon Steel,
        Tokyo, Juli 2003

[32]    Jüttner    S.:    "Werkstoffliche    und    fügetechnische    Entwicklungen    im
        Karosseriebau", Plenarvortrag, Schweißtechnische Fachtagung, Magdeburg, 21.
        Mai 2011

[33]    Woestmann H.: „Moderne Stahlfeinbleche für den Automobilbau – Aktueller
        Stand und Ausblick für die Zukunft", in: Erfahrungsaustauschgruppe PZS-
        Werkzeuge, ThyssenKrupp Stahl AG, Lüdenscheid, 04.2005.

[34]    Merklinger V., Srobel C., Wielage B., Lampke T., Steinhäuser S.: „Entwicklung
        einer    niedrigschmelzenden    Legierung    und    deren    Applikation    zum
        Korossionsschutz hochfester Stahlsorten", Werkstofftechnisches Kolloquium,
        Industriefachtagung Oberflächen- und Wärmebehandlungstechnik, 9 –
        Schriftenreihe Werkstoffe und werkstofftechnische Anwendungen, 2011

[35]    Fan D. W., De Cooman B. C.: "State of the Knowledge on Coating Systems for
        Hot Stamped Parts", Artikel in steel research int. 83 Nr. 5, WILEY-VCH Verlag
        GmbH  Co. KgaA, Weinheim, 2012

[36]    Volkswagen AG: TL4225: Legierter Vergütungsstahl 22MnB5 unbeschichtet
        oder vorbeschichtet – Werkstoffanforderungen an Halbzeuge und Bauteile,
        Wolfsburg: 2006 – Konzernnorm

[37]    Merklein M., Hoff C., Lechler J.: „Grundlagenuntersuchungen zum Presshärten
        höchstfester Vergütungsstähle" Vortrag im 6. Stahl-Symposium - Verarbeitung
        höherfester Stähle für den Fahrzeugbau, Düsseldorf, April 2006

[38]    Kurzynski J.: „Stand und Entwicklung von Korrosionsschutzsystemen für
        höchstfeste Stähle", Vortrag im 6. Stahl-Symposium – Verarbeitung höherfester
        Stähle für den Fahrzeugbau, Düsseldorf, April 2006

[39]    Steininger V., Carleer B.: „Prozesssichere Bauteile aus hochfesten Stählen:
        Future Steel Car Bodies In Hybrid Design", Automotive Circle International –
        Conference, Bad Nauheim, April 2004

[40]   Schmidt-Jürgensen   R.:   „Untersuchungen   zur   Simulation rückfederungsbedingter  Formabweichungen  beim  Tiefziehen",  Dissertation, Universität Hannover, 2002

[41]   Struck R., Kulp S.: "Parametric Die Compensation: IDDRG" Conference 2006, Portugal, Porto, Juni 2006

[42]   Ganzer S., Albert F., Schmidt M.: „Hochfester und leicht umformbarer Stahl für den Automobilbau – Laserstrahlschweißen von 22MnB5 mit Aluminium-Silizium-Beschichtung", Artikel in Laser Technik Journal, Seite 33-37, WILEY-VCH Verlag GmbH & Co. KGaA, Weinheim, März 2009

[43]   Meyer R.: "Erhöhung der Prozesssicherheit durch Beherrschung der Bauteilabweichung beim Fügen im Karosseriebau", Dissertation, Technische Universität Dresden, Januar 2011

[44]   Feuser P., Schweiker T.: „Tailored Tempered Parts – Einsatzpotentiale und funktionale  Untersuchung",  5.  Erlanger  Workshop  Warmblechumformung, Bamberg, 2010

[45]   Riedel F., Marx R.: „Anwendungspotential verschiedener Technologien zum Schweißen  höchstfester  Stähle  und  zum  Warmumformhärten  geeignete borlegierte Vergütungsstähle (22MnB5)", Große Schweißtechnische Tagung, Düsseldorf, 2010

[46]   Bader K. M., Griesbach B.: „Status and perspective of press hardening in car body manufactoring at Audi", Automotive Circle International, Gothenburg, 2011

[47]   Feuser P., Schweiker T., Scherm A.: „Thermische Auslegung von Umformwerkzeugen  für  das  partielle  Presshärten  zur  Einstellung maßgeschneiderter Bauteileigenschaften", LS-DYNA UPDATE FORUM 2011, Filderstadt, 2011

[48]   Merklein M., Geiger M., Kerausch C., Lechler J.: „Presshärten von Tailored Welded Blanks", Forschungsbericht zu Forschungsvorhaben P 709, FOSTA – Forschungsvereinigung Stahlanwendung e.V., 2010

[49]   Kurz H., Becke J.-W.: „Umweltfreundlicher und wirtschaftlicher Leichtbau", Automobil Industrie, Leichtbau – Gipfel 2012, Würzburg, März 2012

[50]   Bergmann  W.:  „Werkstofftechnik  2  –  Werkstoffherstellung  – Werkstoffverarbeitung – Werkstoffanwendung", 4. aktualisierte Auflage, Hanser Verlag München, Seite 473, 2009

[51]    Deutsches Institut für Normung e. V.: DIN EN ISO 8593-0 Fertigungsverfahren Fügen – Allgemeines, Einordnung, Unterteilung, Begriffe, Berlin: Beuth-Verlag, 09/2003

[52]    Klaus-Jürgen Matthes, Frank Riedel: Fügetechnik. Überblick – Löten – Kleben – Fügen – durch Umformen. Leipzig: Fachbuchverlag, 2003

[53]    Deutsches Institut für Normung e. V.: DIN EN ISO 8528-1 Schweißbarkeit; metallische Werkstoffe, Begriffe, Berlin: Beuth-Verlag, 06/1973

[54]    Grabner, J. / Nothaft, R.: Konstruieren von Pkw-Karosserien, 3. Auflage, Berlin 2006

[55]    Friedrich H. E., Treffinger P., Kopp G., Knäbel H.: „Werkstoffe und Bauweisen ermöglichen neue Fahrzeugkonzepte", Buchtitel: Forschung für das Auto von morgen, Springer-Verlag Berlin Heidelberg, 2008

[56]    Wolf D.: „Der neue smart forfour – Teil 1, Future Steel Car Bodies In Hybrid Design": Automotive Circle International – Conference, Bad Nauheim, April 2004

[57]    Butz I.: "Opel Meriva – body concept for a flexible interior: Future Steel Car Bodies In Hybrid Design, Automotive Circle International – Conference, Bad Nauheim, April 2004

[58]    Shmelev E. N., Galkin E.A., Zhuchkova M.: "The new Lada 2116 Sedan Car Body", Automotive Circle International – Conference, Bad Nauheim, Oktober 2007

[59]    Dilthey U., Brandenburg A.: "Schweißtechnische Fertigungsverfahren 3 – Gestaltung und Festigkeit von Schweißkonstruktionen", 2. Auflage, Springer Verlag Berlin Heidelberg, Rheinisch-Westfälische TH Aachen, Institut für Schweißtechnische Fertigungsverfahren, Aachen, 2002

[60]    Schlottmann D., Schnegas H.: „Auslegung von Konstruktionselementen – Sicherheit, Lebensdauer und Zuverlässigkeit im Maschinenbau", 2. Auflage, Springer Verlag Berlin Heidelberg, Universität Rostock, Institut für Konstruktionstechnik, 2002

[61]    Bargel H.J.: „Werkstoffkunde", 10. bearbeitete Auflage, Springer Verlag Berlin Heidelberg, 2008

[62]    Konganti R.: „Gas metal arc welding (GMAW) process optimization for uncoated dual phase 600 material combination with aluminized coated and uncoated boron steels for automotive body", Proceedings oft the ASME International Mechanical Engineering Congress and Exposition, New York, 2008

[63]    Overrath   J.:   "Schweißen   von   warmumgeformten   Bauteilen",   11.   Ifs.-
        Kolloquium, Braunschweig, 2007

[64]    Stahl   D.,   Berglund   D.,   Akerström   P.:   „Pressgehärtete   Bauteile   mit
        maßgeschneiderten  Eigenschaftsprofilen  –  Methoden  und  Prozesse",  EFB-
        Kolloquium Blechverarbeitung, 30 – Tagungsband, 2010

[65]    Häggblad H.-A., Berglund D., Sundin K.-G.: „Formulation of a finite element
        model for localisation and crack initiation in components of ultra high strength
        steels", International Conference on Hot Sheet Metal Forming of High-
        Performance Steel, 2009

[66]    Wittke K., Füssel U.: "Kombinierte Fügeverbindungen", Wissenschaftliche
        Schriftenreihe der TU Karl-Marx-Stadt, Karl-Marx-Stadt, 1986

[67]    Füssel,   U.:   „Fügetechnik",   Vorlesungsskript,   TU   Dresden,   Professur
        Fügetechnik und Montage, 2007

[68]    Braess  H.-H.,  Seiffert  U.:  „Automobildesign  und  Technik:  Formgebung,
        Funktionalität, Technik", 1. Auflage, F. Vieweg und Sohn Verlag, Wiesbaden,
        2007

[69]    Kohler T. C.: „Wirkungen des Produktdesigns: Analyse und Messungen am
        Beispiel Automobildesign", Deutscher Universitätsverlag, 2003

[70]    Diez   W.:   „Automobil-Marketing   /   Navigationssystem   für   neue
        Absatzstrategien",  5.  aktualisierte  und  erweiterte  Auflage,  mi-Fachverlag,
        Landsberg, 2006

[71]    Fahrenwaldt H. J., Schuler V.: „Praxiswissen Schweißtechnik – Werkstoffe,
        Prozesse, Fertigung", 4. überarbeitete Auflage, Vieweg + Teubner Verlag
        Wiesbaden, 2011

[72]    Deutsches Institut für Normung e. V.: DIN EN ISO 8580 Fertigungsverfahren –
        Begriffe, Einteilung, Berlin: Beuth-Verlag, 09/2003

[73]    Volkswagen AG: Statusbericht Fügen formgehärteter Stähle, 28.04.2004

[74]    Rusch H.-J.: „Fügetechniken in der Karosseriereparatur", Fachvortrag,
        Schweißtechnische Fachtagung, Magdeburg, 21. Mai 2011

[75]    Greving, M / Möser, J.: „Stanznieten in der Großserie", DVS-Berichte, Band
        217, DVS-Verlag GmbH, Düsseldorf 2002

[76]    Varis, J.P.: "The suitability of round clinching tools for high strength structural
        steel", Thin-Walled Structures 40 (2002) 225-238, Lappeenranta University of
        Technology, Department of Mechanical Engineering, Finland, 2002

[77]   Draht T.: "Hochgeschwindigkeits-Bolzensetzen – Mechanisches Fügen in einer neuen Dimension", Vortrag, Tagung: Fügen im Automobilbau, Bad Nauheim, 2009

[78]   Ebersbach T., Winkelmann R.: „Thermisches Fügen von dünnwandigen Strukturbauteilen mit niedrig schmelzenden Zusatzwerkstoffen", Forschungsbericht zu Forschungsvorhaben P 777, FOSTA – Forschungsvereinigung Stahlanwendung e.V., 2010

[79]   Bundesrechtsverordnung: „Verordnung zum Schutz der Beschäftigten vor Gefährdungen durch Lärm und Vibration"

[80]   Fachgespräch, Hr. Kalisch, TU Dresden, 29.03.2012

[81]   Herwig P.: „Laserstrahltransmissives Werkzeug für das Clinchen von Stahlblechen", Dissertation, Technische Universität Dresden, 2007

[82]   Füssel U., Kalich J., Herwig P.: „Stand der Forschung und Entwicklung sowie Trends in der mechanischen Hybridfügetechnik", Vortrag in: 9. Kolloquium Widerstandsschweißen und alternative Verfahren 2007, SLV Halle, Halle, 2007

[83]   Meschut G.: „Mechanisches Fügen höherfester Stähle im Fahrzeugbau", Vortrag im 6. Stahl-Symposium – Werkstoffe, Anwendung, Forschung, Düsseldorf, April 2006

[84]   Fritz A. H.: „Fertigungstechnik", 8. Neu bearbeitete Auflage, Springer Verlag Berlin Heidelberg, Seite 121, 2008

[85]   Symietz, D.; Lutz, A: „Strukturkleben im Fahrzeugbau – Eigenschaften, Anwendungen und Leistungsfähigkeit eines neuen Fügeverfahrens", Die Bibliothek der Technik Band 291, Verlag moderne Industrie, München, ISBN 3-937889-43-4.

[86]   Merkblatt: DVS 3410; „Stanznieten – Überblick", DVS-Verlag, Düsseldorf, Januar 2005

[87]   Böger T.: Schutzrecht DE102011051639A1 - Verfahren zum Fügen von Verbundblechteilen, ThyssenKrupp Steel Europe AG, Duisburg, Juli 2011

[88]   Böhm S.: „Magnetpulsschweißtechnik für das Schweißen artungleicher Werkstoffe", Vortrag im 14. Kolloquium Widerstandsschweißen und alternativer Verfahren, SLV Halle, Halle, 17. Oktober 2012

[89]   Jüttner S.: „Werkstoffliche und fügetechnisch Entwicklungen im Karosseriebau", in Mook, G. (Hrsg.): 14. Sommerkurs Werkstoffe und Fügen, Seite 35-43, Magdeburg, 2011

[90]    Goedicke S., Sepeur S., Breyer C.: "Development of an anti scaling coating
        with active corrosion protection for hot sheet metal forming", in Oldenburg M.
        (Hrsg.): Hot sheet metal forming of high-performance steel – CHS2, Seite 265-71,
        Auerbach, 2011

[91]    Vester J.: „Development of a technology for t e controlled heat treatment by
        gas metal arc welding (GMAW) of structure components", Forschung für die
        Praxis / Forschungsvereinigung Stahlanwendung e.V. im Stahl-Zentrum P710,
        Düsseldorf, 2009

[92]    Xie J., Denney P.: „Galvanized steel joined with lasers", Artikel in: Welding
        Journal, New York, 2001

[93]    Matsunawa A., Zaghfoui B., El-Bataghi A. M.: "Laser beam welding of lap
        joints of dissimilar materials", Artikel in: Transactions of JWRI (Japan Welding
        Research Institute), Japan, 1998

[94]    Radaj D., Koller R., Dilthey U., Buxbaum O.: "Laserschweißgerechtes
        Konstruieren", DVS Media GmbH, 1994

[95]    Salomon R.: „Thermisches Fügen von dünnwandigen Strukturbauteilen mit
        niedrig schmelzenden Zusatzwerkstoffen", Artikel in: Berichte aus der
        Anwenderforschung / Forschungsvereinigung Stahlanwendung e.V., Düsseldorf,
        Ausgabe 1, 2011

[96]    Lösch A.: Schutzrecht EP 2193868 A1 - Verfahren zum Fügen von
        Sandwichblechen mit einer Unterstruktur durch Löten oder Laserlöten mit
        verdoppelten Blechrand, ThyssenKrupp Drauz Nothelfer GmbH, Heilbronn,
        Dezember 2009

[97]    Engelbrecht L.: „Laserlöten von Verbundblech", interner Bericht, Volkswagen
        AG, Wolfsburg, 2010

[98]    Baryliszyn P.: „Widerstandspunktschweißen für große Bauteiltoleranzen",
        Dissertation, Technische Universität Dresden, August 2013

[99]    Sopp H.: „Widerstandspunkt- und Buckelschweißen von Stahl/Kunststoff/Stahl
        - Verbundwerkstoffen", DVS Berichte Bd. 124, Deutscher Verlag für
        Schweißtechnik, Düsseldorf, 1989

[100]   Beenken H., Bersch B.: „Fügen von körperschalldämpfenden
        Stahl/Kunststoff/Stahl-Verbundwerkstoffen", DVS Berichte Bd.124, Deutscher
        Verlag für Schweißtechnik, Düsseldorf, 1989

[101]  Babbit M.: Schutzrecht FR 2638668 A3 – Procédé et dispositif pour le soudage par résistance de tôles, notamment de tôles composites, Sollac, November 1988

[102]  Kabasawa M., Matsuda Y., Fujii Y.: "Development of Weldable Vibration Damping Steel Sheet without Shunting and Weld Defect", in: Quarterly Journal of the Japan Welding Society, Japan, 1996

[103]  Brodt M.: Schutzrecht DE 10111567 A1 – Verschweißbares mehrschichtiges Bauteil und Verfahren zu seiner Herstellung, DaimlerChrysler, Stuttgart, März 2001

[104]  Seifert K.: Schutzrecht DE 4022238 C2 – Zugerichtetes Blech und Verfahren zu seiner Herstellung, Stahlwerke Peine-Salzgitter, Peine, Juli 1990

[105]  Behr F.: Schutzrecht DE 19901313 C1 – Verbundwerkstoff in Band- oder Tafelform aus zwei miteinander widerstandsverschweißbaren Deckblechen aus Stahl und einer Zwischenlage aus einem Füllstoff, Verfahren zu seiner Herstellung und Anlage zur Durchführung des Verfahrens, Thyssen Krupp Stahl AG, Düsseldorf, Januar 1999

[106]  Wang P.-C., Gollehur R.J.: Schutzrecht US 020080087650 A1 – Method for single side welding of laminate steel, General Motors Corporation, Detroit, Oktober 2006

[107]  Graul M., Amedick J., Noack T., Jüttner S.: Schutzrecht DE 102010026040 A1 – Verfahren zum Fügen von zwei Bauelementen, Volkswagen AG, Wolfsburg, Juli 2010

[108]  Yen-Lung C.: Schutzrecht US 20070187469 A1 - Friction stir weld bonding of metal-polymer-Metal Laminates, General Motors Corporation, Detroit, Oktober 2006

[109]  Gissinger F.: Schutzrecht FR 2709083 A1 – Flan de tôle de structure multicouche à soudabilité et à emboutissabilité améliorée et procédé et dispositif de fabrication de ce type de flans de tôle, Sollac, Februar 1995

[110]  Gissinger F.: Schutzrecht EP 0559527 B1 – Procédé et dispositif de soudage électrique de tôles de structure multicouche, Sollac, Februar 1993

[111]  Koga H.: Schutzrecht US 4650951 - Method of welding laminates each having the structure of metal layer/thermally softenable insulating layer/metal layer, Mitsui Petrochemical Industries, Tokyo, Juli 1986

[112] DVS Merkblatt 2902-4: "Widerstandspunktschweißen von Stählen bis 3 mm Einzeldicke – Grundlagen, Vorbereitung und Durchführung", Verlag für Schweißen und verwandte Verfahren DVS-Verlag, Düsseldorf, Oktober 2001

[113] Chergui A.: Schutzrecht DE 102011055654 A1 – Herstellverfahren für ein Verbundblechteil mit metallischem Bereich, ThyssenKrupp Steel Europe AG, Duisburg, November 2011

[114] Markaki A.E., Westgate S.A., Clyne T.W.: "The stiffness and weldability of an ultra-light steel sandwich sheet material with a fibrious metal core", University of Cambridge, 2002

[115] Simona AG: „Thermoformen, Vakuumformen, Tiefziehen, Warmformen, Biegen", Produktinformation, Kim, Januar 2005

[116] Becker W., Braun D.: „Kunststoffhandbuch: Bd. 3/4: Technische Thermoplaste – Polyamide", Hanser Verlag München Wien, 1998

[117] Zastrutzki M.: „Laborbericht – Untersuchung PA-PE-Schicht Litecor®", Volkswagen AG, Wolfsburg, Februar 2012

[118] Deutsches Institut für Normung e. V.: DIN EN ISO 5182 – „Widerstandsschweißen – Werkstoffe für Elektroden und Hilfseinrichtungen" Berlin: Beuth-Verlag, August 2009

[119] Stitz S., Keller W.: „Spritzgießtechnik – Verarbeitung – Maschine – Peripherie", 2. Auflage, Hanser Verlag München Wien, 2004

[120] Voigt A.: Schutzrecht DE 102011109708 A1 – Fügen von blechartigen Bauelementen mit Zwischenschicht aus thermoplastischem Kunststoff, Volkswagen AG, Wolfsburg, August 2011

[121] Füssel U., Wesling V., Voigt A., Klages E.: „Messung der Temperaturentwicklung beim Widerstandspunktschweißen mittels Thermografie am Halbschnittmodell", Vortrag im 14. Kolloquium „Widerstandsschweißen und alternative Verfahren", GSI SLV Halle, Oktober 2012

[122] N.N.: Technische Unterlagen zur servomotorischen Roboterschweißzange Euro C", Fa. Düring, Königsbrunn, 2012

[123] Denk S.: „Modifikation und Erprobung einer Roboterschweißzange für das Widerstandspunktschweißen von Stahl- Kunststoff- Verbundblechen", Hochschule für Technik und Wirtschaft Dresden, Diplomarbeit, Wolfsburg 2012

[124] Deutsches Kupferinstitut: Werkstoffdatenblatt CuCr1Zr, Stand 2012

[125]  Baukloh A.: „Zeitstandsuntersuchungen an niedrig- und unlegierten Kupferwerkstoffen", Artikel in „Metall", Zeitschrift, Band 30 Heft 1, 1976

[126]  Voigt A.: „Simulation des Widerstandpunktschweißens von Dreiblechverbindungen und Validierung des Modells", Technische Universität Dresden, Diplomarbeit, Wolfsburg, 2009

[127]  Möckel T.: „Untersuchungen zum Widerstandspunktschweißen von Stahl- Kunststoff- Verbundblech", Technische Universität Dresden, Diplomarbeit, Wolfsburg 2012

[128]  N.N.: „Einführung in Theorie und Praxis der Infrarot-Thermografie.", Schulungsunterlagen, InfraTec GmbH, Dresden, Oktober 2009

[129]  Siemer U.: „Einsatz der Thermografie als zerstörungsfreies Prüfverfahren in der Automobilindustrie – Entwicklung einer Ingenieurplattform.", Dissertation, Universität des Saarlandes, Saarbrücken, März 2010

[130]  Deutsches Institut für Normung e. V.: DIN EN ISO 14273 – „Probenmaße und Verfahren für die Scherzugprüfung an Widerstandspunkt-, Rollennaht- und Buckelschweißungen mit geprägten Buckeln" Berlin: Beuth-Verlag, Februar 2013

[131]  Deutsches Institut für Normung e. V.: DIN EN ISO 14270 – „Probenmaße und Verfahren für die mechanisierte Schälprüfung an Widerstandspunkt-, Rollennaht- und Buckelschweißungen mit geprägten Buckeln" Berlin: Beuth-Verlag, April 2002

[132]  Deutsches Institut für Normung e. V.: DIN EN ISO 14324 – „Widerstandspunktschweißen – Zerstörende Prüfung von Schweißungen – Schwingfestigkeitsprüfung von Punktschweißverbindungen" Berlin: Beuth-Verlag, Dezember 2003

[133]  DVS Merkblatt 2916 Teil 2: „Prüfen von Widerstandspressschweißverbindungen – Schwingfestigkeitsprüfung", Verlag für Schweißen und verwandte Verfahren DVS-Verlag, Düsseldorf, Juni 1978

[134]  Konzernnorm PV 1210: „Karosserie und Anbauteile – Korrosionsprüfung", Volkswagen AG, Wolfsburg, Februar 2010

[135]  Konzernnorm VW 01105-1: „Widerstandspunktschweißen – Konstruktion, Berechnung", Volkswagen AG, Wolfsburg, Februar 2010

[136]  Konzernnorm VW 01087-2: „Durchsetzfügeverbindungen – Stahlwerkstoffe", Volkswagen AG, Wolfsburg, Februar 2010

[137]  N.N.: „Seminarhandbuch PSI 6xxx mit BOS 6000", Schulungsunterlage, Bosch Rexroth AG, Erbach, Dezember 2010

[138]  Rudolf H.: Schutzrecht DE 102006005920 A1 – Widerstandsschweißverfahren und Widerstandsschweißvorrichtung, Volkswagen AG, Wolfsburg, 2006

[139]  Gansauge H.-U.: Schutzrecht DD 216662 A1- Widerstandsschweißvorrichtung in Kompaktbauweise mit nebeneinander angeordneten Elektroden, Dresden, 1983

[140]  Wack A.: Schutzrecht DE 2263068 C3 – Kompakteinheit zum elektrischen Punktschweißen, 1972

[141]  Rudolf H.: Schutzrecht DE 102007063432 A1 – Schweißkopf einer Punktschweißmaschine zum einseitigen Doppel- und Mehrpunktschweißen, Volkswagen AG, Wolfsburg, 2007

[142]  Settele N.: Schutzrecht EP 1844889 A1- Verfahren und Vorrichtung zum punktförmigen Schweißen an mindestens einem Werkstück positionierter Schweißelektroden mittels mindestens eines Roboters, KUKA Roboter GmbH, Augsburg, 2007

[143]  Smith R. L.: Schutzrecht US 5285043 A – Self-Adjusting Spot Welding Electrode Holder, Wyandotte Michigan USA, 1994

[144]  Katou S.: Schutzrecht EP 1366845 B1 (=DE 60212943 T2) – Series spot welding method, device for carrying out the method, and electrodes employed in the method or the device, Toyota Shatai Kabushiki Kaisha, Kariya, Aichi, Japan, 2002

[145]  Uhlmann M.: „Doppelpunktschweißen, series spot welding" in ZIS-Mitteilung Heft 22/4 Seite 405-413, 1980

[146]  Janssen P.: „Doppelpunktschweißen – ein Spezialverfahren der Widerstandsschweißtechnik", Artikel in: Der Praktiker, Schweißen und Schneiden, Heft 3, Seite 43, 1976

[147]  Voigt A.: Schutzrecht DE 102012008831 A1 - Verfahren und Vorrichtung zum Doppelpunktschweißen, Volkswagen AG, Wolfsburg, 2012

[148]  Spribille P.: „Trafoschweißzangen für das mechanische Widerstandspunktschweißen", Vortrag, Sondertagung – Vollmechanisches Schweißen und Schweißen mit Industrierobotern, DVS-Berichte, Band 73, Seiten 96-98, Fellbach, März 1982

[149]  Gomoll W.: „Zwei Schweißvorgänge in einem Zug", Artikel in: Automobil-Produktion, Ausgabe 1-2, 2012

# Abbildungs- und Tabellenverzeichnis

Abbildung 1: Gewichts- und Kostenvergleich ausgewählter Werkstoffe [5]................ 2

Abbildung 2: $CO_2$-Emission in Produktions- und Gebrauchsphase [5]........................ 3

Abbildung 3: Schematische Darstellung Vorgehensweise der Arbeit......................... 5

Abbildung 4: Schematische Darstellung Vorgehensweise der Arbeit......................... 5

Abbildung 5: Schematischer Aufbau Bondal® [20] ........................................ 8

Abbildung 6: Abhängigkeit des Verlustfaktors von der Temperatur und Frequenz [20]
................................................................................ 9

Abbildung 7: Anwendung Bondal® bei Getriebedeckel [21] ........................................ 9

Abbildung 8: Aufbau SSKV [19] ................................................................ 10

Abbildung 9: Positionierung Litecor® im Werkstoffmix [23] ........................................ 12

Abbildung 10: Balkenmodell .................................................................. 13

Abbildung 11: Vergleich Schichtaufbau ausgewählter Werkstoffe............................. 13

Abbildung 12: Potential Sandwichbauweise am Bsp. Fahrzeugtür [5] ...................... 17

Abbildung 13: Einsatz formgehärteter Stahl im Passat B6 [30] ............................... 18

Abbildung 14: Mechanische Eigenschaften verschiedener Stahlsorten [33]............ 19

Abbildung 15: Fließkurve eines Tailored Tempering Bauteils [23]............................ 20

Abbildung 16: Einsatz Tailored Tempering Bauteil [23] ............................................ 20

Abbildung 17: Gliederung der Fügbarkeit [52] ............................................ 22

Abbildung 18: Einteilung der Fügeverfahren [72]........................................ 25

Abbildung 19: Verfahren zum Laserstrahllöten von Verbundblech [96].................... 29

Abbildung 20: Laserlötverbindung von Verbundblech mit verzinkten Stahl [97]........ 30

Abbildung 21: Vorrichtung zum Widerstandsschweißen von zwei Verbundblechen
[101]............................................................................. 31

Abbildung 22: Durchbrand / Beschädigung Verbundblech ........................................ 32

Abbildung 23: Schematische Darstellung Herstellungsprozess Verbundwerkstoff[105]
............................................................................... 33

Abbildung 24: Rollnahtschweißen von zwei Verbundblechen [109] ........................ 34

Abbildung 25: Erwärmen und Verschweißen von zwei Verbundblechen ................. 35

Abbildung 26: Unterbau Tiguan.................................................................. 36

Abbildung 27: Mechanische Eigenschaften teilkristalliner Kunststoffe [115]............ 38

Abbildung 28: Abhängigkeit der Viskosität von Druck und Temperatur[119]............ 39

Abbildung 29: Einwirken von Wärme und Druck auf das Verbundblech ................. 39

Abbildung 30: Wärmestrom von Pressstempel in Verbundblech................................ 40

Abbildung 31: Geometrisches Modell zur Aufstellung der Wärmebilanz ................. 41

Abbildung 32: Schematische Darstellung des Verfahrensablaufs [120] ................. 44

Abbildung 33: Schematische Darstellung der Untersuchungsschwerpunkte ........... 45

Abbildung 34: Schweißzange im Ausgangszustand [122] ........................................ 49

Abbildung 35: Schematische Darstellung Temperaturregelkreis [120] ..................... 50

Abbildung 36: Aufbau modifizierte Schweißzange [123] .......................................... 51

Abbildung 37: Warmhärte von CuCr1Zr in Abhängigkeit von der Temperatur [124]. 52

Abbildung 38: U/I - Verlauf während der Verdrängung ohne Nebenschluss ........... 53

Abbildung 39: U/I - Verlauf während der Verdrängung mit Nebenschluss ............... 53

Abbildung 40: Temperaturverteilung über der Schweißzange ................................. 54

Abbildung 41: Versuchsaufbau der Thermografiemessung am Halbschnittmodell [121] ............................................................................................................................ 55

Abbildung 42: Versuchsaufbau mit Thermografiekamera [121] ............................... 56

Abbildung 43: Strahlungsanteile bei thermografischer Temperaturmessung [128] ... 57

Abbildung 44: Prozessmodell Kunststoffverdrängung ............................................. 59

Abbildung 45: Prozessmodell Fügeprozess ............................................................. 61

Abbildung 46: Schematischer Versuchsaufbau zur Ermittlung der Verdrängungsdauer ...................................................................................................... 64

Abbildung 47: Schematischer Elektrodenkraft- und Spannungsverlauf über der Zeit 65

Abbildung 48: Einfluss Elektrodenkraft, Kappentemperatur und Verdrängungsdauer ................................................................................................................................... 65

Abbildung 49: Einfluss Elektrodenkraft, Kappenradius und Verdrängungsdauer (8 mm) ........................................................................................................................... 66

Abbildung 50: Einfluss Elektrodenkraft, Kappenradius und Verdrängungsdauer (25 mm) ........................................................................................................................... 67

Abbildung 51: Einfluss Elektrodenkraft, Kappenwerkstoff und Verdrängungsdauer . 68

Abbildung 52: Temperaturverteilung an der Fügestelle während des Verdrängungsprozesses ............................................................................................. 69

Abbildung 53: Verbundblechprobe für REM - Aufnahme ......................................... 70

Abbildung 54: REM - Aufnahmen des Kontaktbereichs ........................................... 70

Abbildung 55: Kunststoffanteil in der binarisierten REM - Aufnahme ..................... 71

Abbildung 56: EDX - Analyse von Zinkoberfläche und Restpolymer ....................... 71

Abbildung 57: Abhängigkeit der U/I - Verläufe vom Nebenschluss .......................... 72

Abbildung 58: Einfluss der Widerstanderwärmung auf Verdrängungszone ............. 73

Abbildung 59: Temperaturverteilung über den Kappen .............................................. 74

Abbildung 60: Abhängigkeit der Kappentemperatur von der Stromzeit .................... 75

Abbildung 61: Linsendimensionen Verbundblech mit 1,0 mm 22MnB5+AS150 ....... 77

Abbildung 62: Linsendimensionen Verbundblech mit 1,5 mm 22MnB5+AS150 ....... 78

Abbildung 63: Linsendimensionen Verbundblech mit 2,0 mm 22MnB5+AS150 ....... 79

Abbildung 64: Schliffbild einer Dreiblechkombination ................................................ 80

Abbildung 65: Thermografieaufnahmen beim Fügen von Verbundblech mit 22MnB5+AS150 ......................................................................................... 81

Abbildung 66: Berechneter Erwärmungsverlauf der relevanten Werkstoffkombinationen ......................................................................... 83

Abbildung 67: Vergleich experimentell ermittelter und berechneter Linsendurchmesser .................................................................................. 84

Abbildung 68: Positionsabweichung ........................................................................ 85

Abbildung 69: Linsendimensionen in Abhängigkeit von der Positionsabweichung ... 85

Abbildung 70: Beschädigung des Verbundblechs infolge zu großer Positionsabweichung ............................................................................... 86

Abbildung 71: Linsendimensionen über der Zangenschrägstellung ........................ 87

Abbildung 72: Probengeometrie Klebstoffverdrängung ............................................ 88

Abbildung 73: Abhängigkeit der Klebstoffverdrängung von Elektrodenkraft und Vorhaltezeit .............................................................................................. 88

Abbildung 74: Linsendimensionen Verbundblech mit 1,5 mm 22MnB5+AS150 (mit Klebstoff) ................................................................................................. 89

Abbildung 75: Probengeometrie für Prozessfähigkeitsuntersuchung ....................... 90

Abbildung 76: Linsendimensionen der 186 Punktschweißungen ............................. 91

Abbildung 77: Linsendimensionen Verbundblech mit Verbundblech ...................... 92

Abbildung 78: Temperaturverlauf beim Fügen von Verbundblech mit Verbundblech 93

Abbildung 79: Linsendimensionen über der Positionsabweichung .......................... 94

Abbildung 80: Beschädigung der Verbundbleche infolge zu großer Positionsabweichung ............................................................................... 95

Abbildung 81: Linsendimensionen über der Zangenschrägstellung ........................ 95

Abbildung 82: Linsendimensionen Verbundblech mit Verbundblech (mit Klebstoff) . 96

Abbildung 83: Schematische Darstellung der Scher- und Schälzugprobe ............... 97

Abbildung 84: Scherzugkraft Verbundblech - 1,5 mm 22MnB5+AS150 ................... 98

Abbildung 85: Scherzugkraft Verbundblech – Verbundblech .................................. 98

Abbildung 86: Zerstörte Scherzugproben ohne Klebstoff ......................................... 99

Abbildung 87: Scherzugkraft Verbundblech mit 1,5 mm 22MnB5+AS150 (mit Klebstoff)........................................................................................................... 100

Abbildung 88: Zerstörte Scherzugproben mit Klebstoff........................................... 101

Abbildung 89: Schälzugkraft Verbundblech mit 1,5 mm 22MnB5+AS150 (ohne Klebstoff)........................................................................................................... 102

Abbildung 90: Schälzugkraft Verbundblech mit 1,5 mm 22MnB5+AS150 (mit Klebstoff)........................................................................................................... 103

Abbildung 91: Zerstörte Schälzugproben Verbundblech mit formgehärtetem Stahl 103

Abbildung 92: Schälzugkraft Verbundblech mit Verbundblech (ohne Klebstoff) ..... 104

Abbildung 93: Schälzugfestigkeit Verbundblech – Verbundblech (mit Klebstoff) .... 104

Abbildung 94: Zerstörte Schälzugproben Verbundblech mit Verbundblech ........... 105

Abbildung 95: Schwingfestigkeit der erzeugten Fügeverbindungen........................ 106

Abbildung 96: H-Probe Verbundblech mit formgehärtetem Stahl ........................... 107

Abbildung 97: H-Probe Verbundblech mit formgehärtetem Stahl und Klebstoff...... 107

Abbildung 98: Korrosionsproben nach dem Fügen .................................................. 109

Abbildung 99: Korrosionsproben nach 90 Zyklen .................................................... 109

Abbildung 100: Fügeflansch der Korrosionsproben nach 90 Zyklen ...................... 110

Abbildung 101: Korrosion im Bereich der Fügestellen nach 90 Zyklen .................. 111

Abbildung 102: Zinkschichtdicke am Verbundblech nach 90 Zyklen ...................... 111

Abbildung 103: Spannungsverläufe im Verdrängungsprozess ............................... 116

Abbildung 104: Spannungsverläufe im konventionellen Punktschweißprozess ...... 117

Abbildung 105: Bodenblech nach erstem Prozessschritt mit vorbearbeiteten Fügestellen ......................................................................................................... 118

Abbildung 106: Bodenstruktur bestehend aus Verbundblech und formgehärtetem Stahl.................................................................................................................... 119

Abbildung 107: Schematische Darstellung Doppelpunktschweißzange................. 121

Abbildung 108: Schaltplan der Doppelpunktschweißzange.................................... 122

# Anhang

Anhang A1

**Tabelle 6: Einzelergebnisse der Korrosionsuntersuchungen**

| Durchgeführte Untersuchungen nach 30/60Zyklen Korrosionswechseltest | Versuch 1: Unterblech HX260 Z100MB | Versuch 1: Oberblech DP-K30/50 (0.25/0.50/0.25) | Versuch 2: Unterblech 22MnB5 + AS150 | Versuch 2: Oberblech DP-K30/50 (0.25/0.50/0.25) | Versuch 3: Unterblech DP-K30/50 (0.25/0.50/0.25) | Versuch 3: (Oberblech) DP-K30/50 (0.25/0.50/0.25) |
|---|---|---|---|---|---|---|
| Schichtdicke der KTL in µm | Mittelwert 20.4 | Mittelwert 18.8 | Mittelwert 19.7 | Mittelwert 19.5 | Mittelwert 17.5 | Mittelwert 15.7 |
| Haftung / Gitterschnittprüfung | Gt 0-1 | Gt 0-1 | Gt 0-1 | Gt 0-1 | Gt 0-1 | Gt 0-1 |
| Tape Test | i.O | i.O | i.O | i.O | i.O | i.O |
| Fugeverfahren | Widerstands-Punktschweißen | Widerstands-Punktschweißen | Widerstands-Punktschweißen | Widerstands-Punktschweißen | Widerstands-Punktschweißen | Widerstands-Punktschweißen |
| **Korrosionsbeständigkeit nach 30 u. 90 Zyklen PV 1210** | | | | | | |
| Korrosionsverhalten auf der Fläche n. 30 Zyklen | i.O | i.O | i.O | i.O | i.O | i.O |
| Korrosionsverhalten auf der Fläche n. 90 Zyklen | i.O | i.O | i.O | i.O | i.O | i.O |
| Korrosionsgrad Bereich Punktschweißverbindung | keine Korrosion | keine Korrosion | keine Korrosion | keine Korrosion | keine Korrosion | keine Korrosion |
| Flanschbereich nach 30 Zyklen | ca. 80% keine KTL ca. 5% Zinkkorrosion keine Grundmetall-korrosion | ca. 80% keine KTL ca. 5% Zinkkorrosion keine Grundmetall-korrosion | ca. 80% keine KTL ca. 5% Zink-korrosion keine Grundmetall-korrosion | ca. 80% keine KTL ca. 5% Zink-korrosion keine Grundmetall-korrosion | ca. 70% keine KTL ca. 2% Zn-Korrosion keine Grundmetall-korrosion | ca. 70% keine KTL ca. 5% Zn-Korrosion keine Grundmetall-korrosion |
| Flanschbereich nach 90 Zyklen | ca. 80% keine KTL ca. 20% Zinkkorrosion örtlich ausgeprägt keine Grundmetall-korrosion Ri 1 | ca. 80% keine KTL ca. 20% Zinkkorrosion örtlich ausgeprägt keine Grundmetallkorrosion | ca. 90% keine KTL ca. 20% Zinkkorrosion örtlich ausgeprägt keine Grundmetallkorrosion | ca. 90% keine KTL ca. 20% Zinkkorrosion örtlich ausgeprägt keine Grundmetallkorrosion | ca. 80% keine KTL ca. 20% Zinkkorrosion örtlich ausgeprägt keine Grundmetallkorrosion | ca. 80% keine KTL ca. 20% Zinkkorrosion örtlich ausgeprägt keine Grundmetallkorrosion |

Anhang A2

**Linsendurchmesser SSKV - 1,0 mm 22MnB5+AlSi150 (sim/exp. ermittelt)**

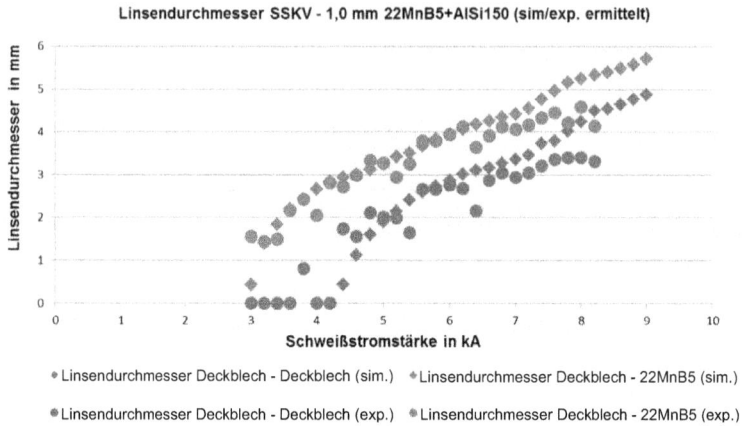

• Linsendurchmesser Deckblech - Deckblech (sim.)  ◆ Linsendurchmesser Deckblech - 22MnB5 (sim.)

● Linsendurchmesser Deckblech - Deckblech (exp.)  ● Linsendurchmesser Deckblech - 22MnB5 (exp.)

**Linsendurchmesser SSKV - 2,0 mm 22MnB5+AlSi150 (sim/exp. ermittelt)**

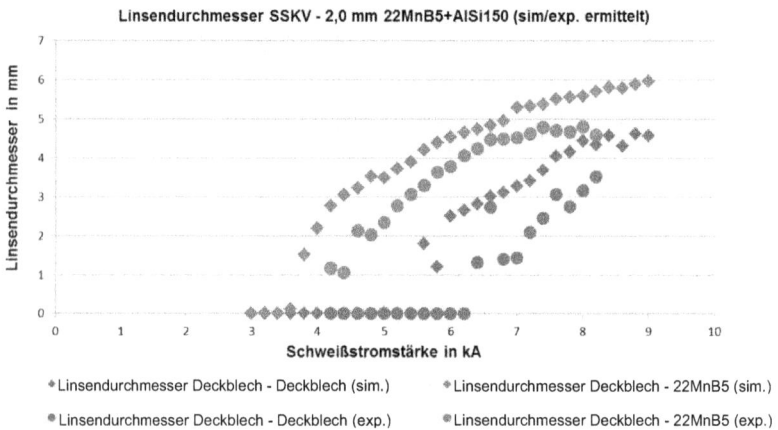

◆ Linsendurchmesser Deckblech - Deckblech (sim.)  ◆ Linsendurchmesser Deckblech - 22MnB5 (sim.)

● Linsendurchmesser Deckblech - Deckblech (exp.)  ● Linsendurchmesser Deckblech - 22MnB5 (exp.)